OBSERVATIONS

SUR

LE MAGNÉTISME ANIMAL.

OBSERVATIONS
SUR
LE MAGNÉTISME ANIMAL,

Par M. D'ESLON, *Docteur-Régent de la Faculté de Médecine de Paris, & Premier Médecin Ordinaire de Monseigneur le Comte* D'ARTOIS.

LONDRES;

Et se trouve

A PARIS,

Chez
P. FR. DIDOT, le jeune, Libraire-Imprimeur de MONSIEUR, quai des Augustins.
C. M. SAUGRAIN, le jeune, Libraire, quai des Augustins.
CLOUSIER, Libraire-Imprimeur, rue Saint-Jacques.

M. DCC. LXXX.

OBSERVATIONS

SUR

LE MAGNÉTISME ANIMAL. *

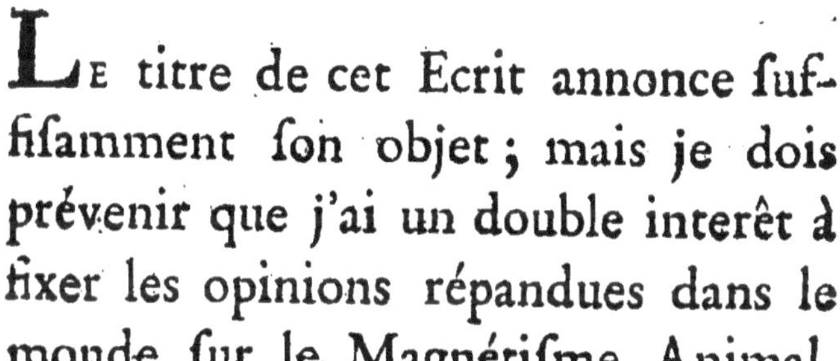

Le titre de cet Ecrit annonce suffisamment son objet ; mais je dois prévenir que j'ai un double interêt à fixer les opinions répandues dans le monde sur le Magnétisme Animal.

---

* Ceux qui désireront avoir sur cette matière les lumières dont elle est susceptible, peuvent lire le Mémoire ayant pour titre : *Mémoire sur le Magnétisme Animal*, *par M. Mesmer*, *Docteur en Médecine de la Faculté de Vienne*. A Geneve. Se trouve à Paris chez P. Fr. Didot le jeune, Libraire, Imprimeur de MONSIEUR, Quai des Augustins, 1779.

Le premier eſt celui de la vérité : le ſecond eſt le mien propre.

On a diverſement interprété mes relations avec M. Meſmer. Cela devoit être ainſi. Chacun, ſuivant ſon caractère ou ſa façon de penſer, a loué ou blâmé dans ma conduite ce qu'il y trouvoit digne de louanges ou de blâme.

Quant à moi, je crois en avoir agi fort ſimplement. Dans l'origine, j'ai entendu citer des faits très-extraordinaires, mais en même-temps très-intéreſſans. J'ai mieux aimé les examiner que les dédaigner : l'occaſion m'a été favorable : j'en ai profité : j'ai vu : je vois ; & je dis tout uniment ce que je vois & ce que j'ai vu.

En vain je m'interroge moi-même ſur cet objet dans le ſecret de mon cœur ; j'en reviens toujours à me dire que je ne trouve rien de plus ſimple que ma conduite. Il n'eſt même pas en moi de concevoir qu'on en puiſſe tenir une autre.

Laiſſons pour le moment les dénominations mépriſantes dont peuvent m'honorer ceux qui n'ont pas d'autre reſſource. Qu'ils diſent de moi ce qu'ils voudront. J'ai de quoi me conſoler.

Que le monde vraiment poli eſt aimable ! avec quelle douceur, quelle urbanité, quelle nobleſſe & quelle délicateſſe, certaines Perſonnes blâment ce qu'elles n'approuvent pas ! faut-il le dire ? J'ai reſſenti pluſieurs fois une ſatisfaction intérieure à être déſapprouvé par elles. Quoi ? me diſois-je tout bas : ces mêmes gens me loueront un jour ! Ah ! ſi la ſimple honnêteté pouvoit exiger récompenſe, elle n'en imagineroit certainement pas de plus flatteuſe.

Je présente cet écrit à tous ceux qui, aimant la vérité pour la vérité, ne cherchent pas à se la déguiser pour le vain & triste plaisir de se croire ou de se dire au-dessus des notions communes.

Je ne leur demande pas de croire parce que je leur dis que je crois; mais j'attens de leur sagesse qu'ils ne préféreront pas des négations, hasardées, timorées, ou de mauvaise foi, à mes assertions positives & sans détour.

J'attens de leurs lumières qu'ils s'appercevront que je ne parle pas avec légèreté, puisque je m'exprimerai avec assez de détail pour les mettre à portée de juger par eux-mêmes, autant que l'on peut juger sur la parole d'autrui.

J'attens de la solidité de leur jugement qu'ils ne balanceront pas à décider que je ſerois extrêmement coupable ſi, dans une matière auſſi importante, j'avois pris de propos délibéré tant de peine pour les tromper, ſans autre intérêt que celui de les tromper ou de faire parler de moi.

J'attens de leur juſtice qu'avant de donner dans cet extrême, ils pèſeront qui je ſuis, ou qui je puis être.

Je ſuis Médecin. Par état, la matière que je traite eſt de ma compétence. Par état, je dois m'occuper de tout ce qui tient à la conſervation & à la ſanté de mes ſemblables. Par état, je ſuis placé pour connoître l'inſuffiſance des moyens uſités en Médecine. Par état, je dois avoir le ſentiment profond des misères humaines. Comme homme & comme Médecin elles ne peuvent m'être indifférentes.

Je ne dirai pas que toutes ces conſidérations m'impoſent autant de devoirs ſacrés. Ce langage très-reſpectable dans ſon principe, a été employé ſi ſouvent & tellement hors de propos, qu'il eſt uſé juſqu'au ridicule; mais je dirai que ces conſidérations & de ſemblables ont toujours eu le plus grand empire ſur mon eſprit.

Par ces motifs, je me ſuis fort occupé pendant longues années des moyens les plus propres à écarter de la Médecine les abus qui s'y ſont introduits. Enfin il y a environ ſix mois que j'ai conçu la ferme réſolution de rédiger mes idées par écrit, de manière à pouvoir être miſes ſous les yeux du Public. Je me ſuis mis au travail; mais ce travail, ſubordonné à des occupations journalières qu'il m'auroit été impardonnable de négliger, a été infiniment retardé par l'attention ſuivie que j'ai donnée aux traitemens de M. Meſmer; enſorte qu'en ſix mois j'ai à peine fait l'ouvrage de ſix jours.

J'avois remis au moment de la publication de cet Ouvrage ce que j'avois à dire ſur le Magnétiſme animal. Je penſois qu'une matière ſerviroit d'appui & peut-être d'excuſe à l'autre ; mais les retardemens que j'éprouve néceſſairement me forcent à ſéparer ces deux objets. Ce qu'on va lire n'eſt donc qu'un morceau détaché d'un plus grand Ouvrage. C'étoit à peu de choſe près la moitié de la Préface. Je ne fais que la tranſcrire ici en y ajoutant les réflexions précédentes, & en me permettant de donner à mes idées une extenſion qui auroit été inſoutenable pour une Préface.

Des Perſonnes qui ont bien voulu me témoigner quelque intérêt, m'ont inſinué pluſieurs fois qu'en une circonstance aussi publique de ma vie, il étoit étonnant que je ne rendisse pas un compte public de ma conduite. Je conviens avoir éludé de répondre positivement. Dans le fait, je travaillois dès-lors à leur témoigner le cas que je fais de leurs conseils, & j'espère que cette explication les satisfera.

Après ce préambule, que je ne crois pas hors de propos, j'entre en matière.

Jamais, au premier coup-d'œil, découverte n'a tant prêté que celle du Magnétisme animal à l'incrédulité; au ridicule, aux sarcasmes, aux raisonnemens, aux plaisanteries de toute espèce. Les vrais & les faux savans, les gens instruits, les ignorans & le peuple, devoient se révolter également à la proposition de guérir des maladies par la vue & l'attouchement.

Avant d'aller plus loin, je crois à propos d'obſerver pour la clarté de ce qui va ſuivre, que l'on s'exprime imparfaitement, lorſqu'on dit que M. Meſmer guérit des maladies par la vue & l'attouchement. Ici la vue & l'attouchement ne ſont rien par eux-mêmes : ils ſont de ſimples conducteurs du Magnétiſme animal, principe qui, ſelon toutes les apparences, exiſte dans la Nature avec toutes ſes propriétés, mais qui n'agit qu'à l'aide d'une direction particulière. Cette direction, M. Meſmer, quand bon lui ſemble, peut la donner au Magnétiſme animal, au moyen de conducteurs variés & à ſon choix, tels que le corps animal, un bâton, une barre de fer, l'aimant, l'électricité, la réflexion de la lumière, le ſon, le verre, le fil, &c. C'eſt ainſi que nous dirigeons le feu électrique par des machines & des conducteurs que nous avons reconnus propres à cet effet.

Sous cet aſpect raiſonné, le Magnétiſme animal ne ceſſe pas d'être une ſingularité piquante ; mais il ceſſe d'être une ſingularité biſarre. En effet, d'un côté l'analogie démontre la poſſibilité de ſon exiſtence particulière & de ſes rapports particuliers : d'un autre côté, l'expérience prouve que ſes rapports, ſes effets & ſes conducteurs ne ſont pas les mêmes que ceux de l'Electricité ; ou du moins que ſes principaux phénomènes nous ſont inconnus dans l'Electrité.

Par exemple, M. Meſmer impregné, je ne ſais comment, du Magnétiſme animal ſe livre à toutes les actions ordinaires de la vie ; & cependant on ne s'apperçoit pas que chez lui l'activité du principe ſouffre de la diminution. En tout tems & en tous lieux, j'ai toujours vu ce Médecin prêt à produire le Magnétiſme. Non-ſeulement il le porte partout, mais on diroit qu'il le laiſſe & le reprend quand il lui plaît. Certainement on ne voit rien de pareil dans l'Electricité.

M. Meſmer porte-t-il ſur lui quelque matière propre à renouveller l'action de ſon principe quand il en a beſoin? C'eſt une queſtion qui m'a été faite bien ſouvent. J'ai toujours répondu & je réponds encore avec vérité que je n'ai rien apperçu de ſemblable. L'on ne doit pas m'accuſer de chercher à en impoſer à ce ſujet; car ſi j'étois dans le cas de ſavoir quelque choſe que je ne vouluſſe pas dire, il ſerait très ſimple de me taire.

Quoiqu'il en ſoit, les premiers rapports qui ſe répandirent dans le Public ſur ce procédé nouveau n'étoient pas de nature à l'accréditer. On racontoit que M. Mesmer, par la seule direction de ses yeux, de son doigt, de sa canne, ou d'une simple baguette, causoit une sensation remarquable aux Personnes qui le consultoient, & qu'au son des instrumens, il faisoit ressentir des impressions très-vives. Cela étoit vrai ; mais il faut convenir que rien ne ressemble davantage à des tours de passe-passe, & qu'il étoit bien permis d'être incrédule.

Si l'on veut ajouter à cela que la première action du principe de M. Mesmer n'est pas toujours très-sensible, & même que certaines organisations s'y refusent absolument, on se rendra compte de la diversité des opinions chez les Personnes que la simple curiosité rapprochoit de M. Mesmer. Car parmi ceux qui ressentoient des impressions réelles mais légères, s'il en étoit de convaincus, il en étoit auſſi qui craignoient leur imagination prévenue. Quant à ceux qui n'éprouvoient rien, ils devoient ſe croire en droit de nier la vérité du fait. Voilà donc pluſieurs voix raiſonnablement établies dans le Public; & il eſt hors de doute, que la balance devoit y pencher défavorablement pour M. Meſmer.

Cependant, malgré ces déſavantages marqués, il me ſemble que les Phyſiciens devoient ſuſpendre leur jugement. Aſſocié à deux Corps célèbres dans les Sciences, M. Meſmer ne pouvoit être un homme de nulle conſidération pour des Savans. Il avoit pris la peine d'adreſſer aux principales Académies de l'Europe, le Précis de ſon ſyſtême, & il avoit comparé les effets du Magnétiſme animal ſur les corps animaux, aux effets de l'Aimant

& de l'Electricité ſur d'autres corps connus. Rien, ai-je déja inſinué, de moins révoltant pour des hommes accoutumés à faire agir les reſſorts de ces deux derniers principes, que l'hypothèſe d'un troiſième. Cette ſuppoſition, purement enviſagée comme ſyſtême ingénieux, ne pouvoit choquer, qu'autant qu'elle auroit été donnée pour certaine, quoique dénuée de preuves. Or, M. Meſmer offroit des preuves.

Je ſuis tellement aſſuré, diſoit-il, de l'exiſtence de mon principe, que je puis me ſervir & me paſſer également de l'Aimant & de l'Electricité pour le conduire : je puis m'en imprégner & me l'approprier, en imprégner d'autres & le leur approprier : je puis le faire ſentir à une diſtance éloignée ſans le ſecours d'aucun intermédiaire : je puis l'accumuler, le concentrer & le tranſporter : je puis l'augmenter & le faire réfléchir par les glaces comme la lumière, le communiquer, le propager & l'augmenter par le ſon. J'obſerve à l'expérience l'écoulement d'une matière dont la ſubtilité pénètre tous les corps ſans perdre notablement de ſon activité. Enfin, je me ſuis aſſuré que quelques corps animaux ont une propriété tellement oppoſée à mon principe, que ſa ſeule préſence détruit tous les effets du Magnétiſme animal. Cette vertu oppoſée eſt également ſuſceptible d'être communiquée, propagée, accumulée, concentrée, tranſportée, réfléchie par les glaces, propagée par le ſon, &c. &c. &c.

Lorſqu'un homme portant face raiſonnable, avance poſitivement de tels faits, il faut l'écouter pour profiter de ſes lumières ou pour le déclarer fou.

C'est à ce dernier parti, mais sans avoir écouté, que se déterminèrent les Corps littéraires auxquels s'étoit adressé M. Mesmer. Le seul qui ne témoigna pas son mépris par le silence, ne lui répondit que pour l'assurer en d'autres termes, qu'il ne savoit ce qu'il disoit. Aussi, dès que je fus suffisamment instruit des faits, cette décision me parut au moins précipitée ; & je me permis d'avancer qu'autant le Public faisoit ce qu'il devoit, autant les Savans faisoient ce qu'ils ne devoient pas.

Je ne fus pas, au surplus, effarouché de voir M. Mesmer en Pays étranger. Je ne l'en estimai ni plus ni moins. *Nul Prophète en son pays*, dit le peuple : *Nulle découverte de génie sans persécution*, disent les Savans. Ou ces axiômes ne signifient rien, ou bien il en faut conclure qu'en supposant la découverte de M. Mesmer vraiment utile,

utile, son Auteur a pu s'expatrier & n'en être pas moins respectable. Quant à moi, sans prétendre m'ériger en Juge de ce qui s'étoit passé en Allemagne, je n'ignorois pas que la Médecine gémit à Vienne sous un régime fâcheux. Esclave d'un Despote, sous le nom de Président, elle est asservie aux caprices d'un seul. Pour peu qu'il soit foible, entêté, entiché de systêmes, ou simplement susceptible de préventions, les intrigues y doivent être intolérables.

Je n'avois eu aucune relation avec M. Mesmer avant son séjour en France. Il y étoit même question de lui depuis plusieurs mois, que rien ne nous rapprochoit. Le hasard voulut qu'au nombre de ses malades j'eusse une connoissance dont l'honnêteté ne pouvoit m'être suspecte. C'étoit un homme d'un âge fait, d'un jugement exquis,

& qui joignoit à l'élocution la plus facile, une préciſion peu commune. Il avoit d'ailleurs fait une longue & malheureuſe expérience de notre inſuffiſance dans l'art de traiter nombre de maladies, ayant paſſé par les mains de ce que la France renferme de plus célèbre en Médecine. Je le priai, dès notre première rencontre, de fixer mon opinion ſur ce que je devois croire ou rejetter. Il ſe prêta obligeamment à mes queſtions, me confirma en grande partie ce que j'avois oui dire, & m'apprit des faits ſi ſurprenans & ſi nouveaux pour moi, que j'aurois été tenté de ne rien croire ſi le témoin eût été récuſable.

Quelque tems après je rendis à cette perſonne une viſite de bienſéance. C'étoit le matin : je la trouvai dans ſon lit. La converſation roula de nouveau ſur ſon traitement. Elle me répéta avec complaiſance ce qu'elle m'avoit déja dit ; & j'étois ſur le point de la quitter lorſque M. Meſmer entra. Après les civilités ordinaires, il adreſſa la parole au malade, & à mon grand étonnement, quoique prévenu, je vis celui-ci ſubir une criſe violente. Ses yeux s'égarèrent, ſa poitrine s'éleva, la voix & la reſpiration lui manquèrent juſqu'à ce qu'une ſueur abondante vint le délivrer de ces anxiétés. Je reſtai muet aſſez long-tems ; mais enfin je crus devoir rompre le ſilence, & déclarer mon état à M. Meſmer ; car je n'ignorois pas qu'il s'étoit plaint de quelques prétendues ſurpriſes de ce genre. Il ne témoigna nul embarras ; mais ſes réponſes furent aſſez froides, ce qui ne me ſurprit ni ne me déplut dans un étranger ; inſenſiblement la converſation s'anima entre nous, & je reconnus aiſément qu'à des connoiſſances particulières, M. Meſmer joignoit des connoiſſances en Médecine que j'aurois ambitionnées.

Depuis ce tems-là, M. Meſmer ſe lia avec quelques perſonnes de ma ſociété; enſorte que nous nous vîmes fréquemment. Crainte d'indiſcrétion, on laiſſa paſſer un aſſez long intervalle de tems avant de lui demander quelles étoient ſes vues pendant ſon ſéjour en France. A ſes réponſes, on jugea qu'il ne connoiſſoit guère le local qu'il étoit venu chercher, & je dirai, ſans détour, que s'il avoit voulu ſuivre les avis qu'on lui donna, il ne ſe ſeroit pas attaché à convaincre les Savans, dans l'eſpoir qu'ils ſe prêteroient à perſuader le Public; mais il auroit convaincu le Public pour forcer les Savans à l'écouter. Je ne ſais s'il ne ſeroit pas plus aiſé de faire couler les quatre grands fleuves de France dans le même lit, que de raſſembler les Savans de Paris, pour juger de bonne foi une queſtion hors de leurs principes. C'eſt ce qu'on tâcha de faire comprendre à M. Meſmer, en lui prédiſant qu'il ne réuſſiroit pas dans ſes projets. Mais, las de faire des expériences particulières, qui n'aboutiſſoient à rien, ennuyé des propos auxquels elles donnoient lieu, révolté du mauvais accueil qu'il recevoit partout, effrayé par le reſſouvenir des tracaſſeries qu'il avoit éprouvées, & ſur-tout ſoulevé contre l'accuſation de charlataniſme qui pénétroit quelquefois juſqu'à lui, il ne vouloit plus travailler, pour ainſi dire, qu'à la face de l'Univers. Il ſe flattoit de convaincre les Savans par ſes diſcours, d'attirer l'attention du Gouvernement par leurs rapports, & alors de ſolliciter l'établissement d'une Maison publique où il donneroit ses secours & découvriroit ses principes à des Médecins. A défaut de succès, il vouloit s'en retourner.

» Rien de plus honnête, lui répon-
» doit-on, que ce que vous proposez.
» Faire une découverte intéressante
» pour l'humanité; la communiquer
» pour le bien de tous, au lieu de la
» tenir secrète pour votre propre avan-
» tage; vouloir qu'elle ne parvienne
» au Public que par des voies qui en
» attestent l'authenticité; ne la laisser
» échapper de vos mains que pour la
» déposer en celles de Personnes pla-
» cées pour en user avec discerne-
» ment; ne désirer enfin la récom-
» pense de vos travaux que lorsque
» leur utilité sera constatée: on vous
» le répète: rien n'est plus honnête,
» nous voudrions que tout le monde

» fût à portée d'en juger comme nous ;
» mais sans prévention, est-il juste de
» s'y attendre ? Votre découverte au
» premier aspect est-elle faite pour
» attirer la confiance ? Ne convenez-
» vous pas qu'elle doit répugner
» même à l'homme instruit ? Le ferez-
» vous revenir de ses préventions en
» ne faisant rien pour lui ? Assiéger
» la porte de nos Savans, comme
» vous y paroissez déterminé, n'est
» nullement de notre goût ; & sans
» être Prophêtes, nous croyons pou-
» voir vous prédire ce qui en arrivera.
» Les uns vous rebuteront sans vous
» écouter ; d'autres tâcheront de vous
» pénétrer pour s'approprier le fruit
» de vos veilles ; quelques-uns plus
» honnêtes se laisseront peut-être per-
» suader, mais au moindre mot qu'ils
» voudront dire en votre faveur, ils
» se verront honnir, vous abandon-

» neront, & vous finirez par être » ridicule aux yeux de tous, ou du » moins aux yeux du plus grand nom» bre. Alors, que ferez-vous ? Vous » vous retirerez, prétendez-vous. Où ? » dans votre patrie ? Vous y retrou» verez les désagrémens que vous y » avez laissés, & de plus, il faudra » vous laver du mauvais accueil que » vous aurez reçu en France. Irez-vous » par-tout ailleurs ? De quelque côté » que vous tourniez vos pas, vous » trouverez les mêmes obstacles. Ou» tre l'inconvénient d'y être nouveau » venu, vous y serez peint sous des » couleurs défavorables par tout ce » qu'il y aura de plumes savantes que » l'on consultera ; car, à la honte » des Sciences, il faut convenir qu'en » général ceux qui les cultivent ne » sont rien moins que louangeurs » sans intérêt. Si vous nous croyez,

» vous reſterez ici. A la vérité, l'on » y clabaude, on perſifle, on ridi-» culiſe, on médit & même on in-» trigue, mais le Gouvernement eſt » doux : il hait l'éclat, & la protec-» tion du bon y garantit de la perſé-» cution du méchant. En un mot, » avec de la patience, de l'honnêteté » & l'aveu du Public, on parvient en » France à tout ce qui eſt juſte & rai-» ſonnable. Attachez-vous donc au » Public. S'il eſt toujours prêt à ba-» fouer le premier objet qui ſe pré-» ſente, il n'a jamais honte de revenir » ſur ſes pas pour être juſte, & ſi » vous avez le bonheur de lui être » utile, ſoyez certain de ſa recon-» noiſſance. Il vous accueillera, vous » élévera, vous ſoutiendra, vous pro-» tégera envers & contre tous, & » peut-être qu'un jour tel qui croiroit » aujourd'hui s'abaiſſer en prononçant

» votre nom devant lui, sera trop » heureux de savoir parler de vous » pour lui être agréable. « Telles furent les observations que les amis de M. Mesmer lui firent. Mais ils ne purent le persuader.

J'ai le bonheur de n'être pas de ces gens qui ne veulent servir qu'à leur mode. Ceux qui finissent par nuire ou décrier plutôt que de démordre en rien de leurs idées, ne seront jamais les miens. Je pris donc le parti de passer par-dessus les considérations ordinaires, de vaincre quelques répugnances personnelles & d'entrer dans les vues de M. Mesmer. Nous allâmes heurter aux portes. Nos premiers essais ne furent pas heureux. Si nous ne fumes pas hués en forme, au moins, eumes-nous l'ample satisfaction de remarquer que nous passions pour visionnaires. Ce que

M. Meſmer en voulut tâter à lui tout ſeul ne fut pas plus ſatisfaiſant. Je m'apperçus à ſes récits que ſa qualité d'Etranger avoit mis à l'aiſe. On lui fit même entendre aſſez cruement qu'il cherchoit à rabaiſſer les connoiſſances d'autrui pour parvenir à ſes fins.

N'y avoit-il pas alors quelque reſſemblance entre M. Meſmer & ce bon-hommme qui crut faire merveille de frapper un certain ſoir à la porte de pauvres gens, en leur offrant ſes poches pleines d'or ? On le prit pour un voleur. » Je ne ſuis rien moins » que cela, s'écrioit-il : d'ailleurs » qu'avez-vous à craindre ? Examinez » que vous êtes en nombre, ſur vos » foyers, que je ſuis ſeul, & que je » vous apporte de l'or «. » Bon, de » l'or, lui répondit-on, vous êtes un » voleur ; & ce n'eſt pas le l'or que

» vous avez dans vos poches. Nous » savons ce que nous savons, & que » ce que vous en dites, n'est que pour » dérober nos haillons «. Le bonhomme eut beau dire. Il fallut se retirer.

On trouvera peut-être l'historiette légère & la comparaison forte. La question se réduit à savoir si M. Mesmer apporte de l'or. Qu'on y regarde.

Je proposai enfin un parti qui tenoit le milieu entre le système de M. Mesmer & celui de ses conseils. Je ne puis dire combien il fallut combattre pour le lui faire agréer, tant il craignoit que le témoignage ne fût pas assez éclatant. Je l'invitai à dîner avec douze de mes confrères. Je rappellai à ceux-ci ce que je leur avois dit des effets du Magnétisme animal, soit en particulier, soit dans nos assemblées,

& je les exhortai à ſe défaire de toute prévention pour écouter la lecture d'un Mémoire manuſcrit, que M. Meſmer ſe diſpoſoit à faire imprimer : ce qu'il a effectué depuis *. On y conſentit, on écouta, & après la lecture, M. Meſmer ſe retira pour nous laiſſer délibérer. La queſtion ſuffiſamment débattue, trois de mes confrères & moi, jugeames pouvoir prendre ſur nos occupations le tems néceſſaire pour ſuivre divers traitemens.

Je ne nomme point ici mes confrères pour pluſieurs raiſons ; 1°. parce que je me ſuis fait une loi de ne nommer d'hommes vivants, que M. Meſmer & moi ; 2°. les Médecins dont il s'agit ici ſont gens d'un

---

* C'eſt le Mémoire cité en note à la première page de cet Ecrit.

mérite reconnu dans leur Art : il eſt très-aiſé de ſavoir leurs noms & mon ſilence ne peut leur faire tort ; 3°. chacun ayant ſa manière de voir & ſon avis particulier, j'entends leur laiſſer pleine liberté ſur le leur, comme je prétens bien conſerver la mienne. Ce n'eſt pas ici une affaire de complaiſance. 4°. Sur les faits que je citerai tout-à-l'heure, je ne pourrois invoquer leur témoignage ſans une eſpèce de duplicité dont je ne ſuis pas capable, ou ſans courir le riſque d'être légitimement contredit en beaucoup de détails. La raiſon en eſt ſimple : mes confrères ne ſe rendoient que toutes les quinzaines chez M. Meſmer. Moi, je n'ai pas manqué volontairement un jour ſans y paſſer quelques heures. Ce qui m'a procuré l'avantage de ſuivre la marche de ce nouvel agent de la Nature, de manière à appercevoir bien des choſes qui doivent néceſſairement échaper à des yeux moins aſſidus.

Je viens d'indiquer par quels motifs & dans quelles circonſtances M. Meſmer s'étoit décidé à faire de nouvelles expériences. Son premier deſſein étoit d'entreprendre douze malades, tout au plus. Par condeſcendance, il n'a pas tardé à en recevoir un treizième, puis un quatorzième, puis un quinzième, &c.; aujourd'hui il en a ſoixante-dix & plus. Environ ſix cents places ſont promiſes & des milliers demandées. C'eſt dans un ſallon que le moindre Bourgeois de Paris trouveroit trop petit pour ſa compagnie, que ſe fait le traitement. On y voit toutes ſortes de maladies, des perſonnes de tous états, de tout ſexe & de tout âge. Quelque confiance que puiſſe inſpirer cette méthode, il paroît bien difficile que ſes moyens & ſon action ne ſouffrent pas de tant d'incommodité.

J'excéderois mes Lecteurs d'ennui ſi je ne me bornois pas dans les détails. Je choiſis donc une douzaine de traitemens & de maladies variées pour en faire le court hiſtorique. Je joins à chaque fait les réflexions qu'il m'a inſpiré, en élagant, autant qu'il eſt en moi, les termes de l'Art. Je demande également pardon à ceux qui trouveront que c'eſt trop, & à ceux qui trouveront que c'eſt trop peu. Mon objet n'eſt pas de faire des enthouſiaſtes; mon devoir conſiſte à mettre les gens ſenſés en état de juger non-ſeulement par les faits, mais encore par mes réflexions : duſſai-je y perdre. Pour donner à ces détails plus de clarté & éviter de fatigantes répétitions, je crois à propos de de les faire précéder de quelques idées ſur la doctrine & la méthode de M. Meſmer.

Cependant je ſubordonne ce que je vais dire à deux conſidérations. En premier lieu, j'expoſe, mais ne plaide ni n'affirme. En ſecond lieu, je n'ai nulle miſſion de M. Meſmer. Il ne m'a pas chargé d'être ſon organe. Ainſi permis à lui de me déſavouer quand il lui plaira ſans que cela tire à conſéquence.

De même qu'il n'y a qu'une Nature, qu'une vie, qu'une ſanté ; il n'y a, ſelon M. Meſmer, qu'une maladie, qu'un remède, qu'une guériſon.

La Nature ſubordonnée à l'impulſion qui lui a été donnée par la main créatrice, porte en nous par mille canaux divers l'action de la vie. Le libre cours de cette action dans nos organes conſtitue la ſanté.

Lorſque le cours de cette action eſt arrêté par des réſiſtances occaſionelles, la nature fait effort pour vaincre les obſtacles. Ces efforts nous les avons nommés criſes.

Lorſque ces efforts parviennent à ſurmonter les obſtacles, les criſes ſont heureuſes ; l'ordre primitif eſt rétabli : nous ſommes guéris.

Au contraire, lorſque les efforts ſont inſuffiſants, les criſes ont des ſuites facheuſes : l'action de la vie manque ſon effet, & nous demeurerons en état de maladie, ſi nous ne mourons pas.

Si toutes les criſes inſuffiſantes ne mènent pas à la mort prochaine, cela vient de ce que les canaux abandonnés par l'action de la vie ne ſont pas également néceſſaires à notre exiſtence ; mais ils lui ſont plus ou moins eſſentiels.

Des dépots étrangers à cette exiſtence, obſtruent, en s'accumulant, les canaux délaiſſés, & donnent naiſſance a autant de monſtruoſités qui ſe décèlent par des accidents variés à l'infini.

Les Médecins ont donné à chacun de ces accidens un nom particulier, & les ont définis comme autant de maladies. Les effets ſont innombrables : la cauſe eſt unique.

Rendre à la Nature ſon véritable cours, eſt la ſeule Médecine qui puiſſe exiſter.

Ainſi que la Médecine eſt une, le remède eſt un; & tous les remèdes uſités dans la Médecine ordinaire n'ont jamais obtenu des ſuccès avantageux qu'en ce que, par des combinaiſons heureuſes, mais dûes au haſard, ils ſervoient de conducteurs au Magnétiſme animal.

Cette concluſion ne plaira pas univerſellement. J'ai déja dit que je ne me chargeois pas de ſa cauſe. Il eſt cependant utile d'obſerver que juſques-là M. Meſmer rentre dans les principes de nos plus célèbres Naturaliſtes, entés ſur la morale hypocratique. On verra tout-à-l'heure ſi les effets du Magnétiſme animal ſont ou ne ſont pas analogues à la doctrine que je viens d'expoſer.

Quoi qu'il en ſoit, ceux qui voudront raiſonner ſur le Magnétiſme animal, ne doivent pas oublier que M. Meſmer n'entend guérir qu'à l'aide des criſes, c'eſt-à-dire, en ſecondant ou provoquant les efforts de la Nature.

De-là il ſuit que s'il entreprend la cure d'un fou, * il ne le guérira qu'en

* M. Meſmer eſt dans l'opinion, & je le crois comme lui, que la plupart des folies ne ſont que des criſes imparfaites de maladies.

lui occaſionnant des accès de folie. Les vaporeux auront des accès de vapeurs ; les épileptiques, d'épileſie &c.

Le grand avantage du Magnétiſme animal conſiſte donc à accélérer les criſes ſans danger. Par exemple, on peut ſuppoſer qu'une criſe opérée en neuf jours par la Nature, réduite à ſes propres forces, ſera obtenue en neuf heures, à l'aide du Magnétiſme animal.

Il m'a paru qu'on enviſageoit aſſez communément les traitemens par le Magnétiſme animal, ſous l'aſpect de la plaiſanterie. On trouve fort doux d'éviter le dégoût des remèdes, de bien dormir, bien boire, bien manger, de rire, cauſer, ſe promener, faire de la Muſique, &c. Il faut convenir que cette méthode auprès de la nôtre, eſt bien gaie.

Cependant le Magnétiſme animal

ne laiſſe pas d'avoir ſes déſagrémens. C'eſt d'abord quelque choſe que l'aſſiduité qu'il exige ; mais ce n'eſt pas tout. Pour l'ordinaire, le ſoulagement n'y arrive que par le canal de la douleur. Ces douleurs ſont quelquefois très-fortes, ſuivant l'opiniâtreté du mal ou la diverſité des organiſations. Cependant je ne me ſuis jamais apperçu qu'elles fuſſent dangereuſes, ſoit que le Magnétiſme animal s'arrête de lui-même, ſoit que M. Meſmer ſache le modérer à propos : ce que j'ignore.

J'avertis donc tous ceux qui penſeroient à ſuivre ce traitement, qu'ils doivent s'attendre à des criſes plus ou moins douloureuſes, à des ſueurs longues & abondantes, à des expectorations, à des évacuations par les urines ou les voies ordinaires, quelquefois ſi conſidérables, qu'il eſt preſque ridicule de le dire & de le croire : or, tout cela n'arrive preſque jamais ſans douleurs préparatoires.

Il eſt deux principales compenſations à ces déſagrémens. La première & la plus ſenſible conſiſte dans un prompt retour des facultés naturelles. On eſt dans un état d'anxiété pendant les heures du traitement; mais on vit dans les intervalles : il ſemble qu'on en ſoit plus fort.

La ſeconde eſt très-extraordinaire. J'ai obſervé, & crois ne m'être pas trompé, que le Magnétiſme animal donnoit du courage. Le remède attache au remède. J'ai vu peu de malades manquer de conſtance. Ceux qui ont donné des exemples contraires étoient conduits par des circonſtances impérieuſes ou gênés par quelques-uns de ces liens factices qui rendent les hommes ſi déraiſonnables ſur l'objet important de la ſanté.

Cet effet m'a d'autant plus ſurpris, qu'il m'a paru général ; mais à coup-sûr, je paſſerois pour enthouſiaſte, ſi je n'appellois en témoignage de ce que j'avance une claſſe de malades, exempte de toutes conſidérations politiques.

On voit aux traitemens de M. Meſmer, quatre enfans de deux, cinq, onze & douze ans. Ils ſont très-aſſidus, & ne donnent aucune peine pour les contenir. Le plus jeune eſt aveugle du moment de ſa naiſſance, s'il n'eſt pas venu tel au monde. Aſſis ſur une chaiſe, il ſe crampone de ſes petites mains à un Conducteur ; & là, pendant trois & quatre heures conſécutives, il paſſe gaiement ſon tems à en appliquer l'extrémité, tantôt ſur un œil, tantôt ſur l'autre. Cette intéreſſante créature ſe flatte, en balbutiant, d'y voir clair par la ſuite. Hélas! le pauvre enfant ne ſait ce que c'eſt que voir : il eſt bien à craindre qu'il ne le ſache jamais.

Quoiqu'il en arrive, ai-je tort de dire que cette conſtance n'eſt pas une choſe ordinaire.

MARASME
à la ſuite de fièvre milliaire.

M***, âgé de dix ans, étoit au Collége à quelques lieues de la Capitale. Il revint à Paris le 14 Août 1779, avec quelques ſignes de mauvaiſe ſanté. Sept jours après ſon arrivée, il ſe plaignit de mal d'eſtomach. Le lendemain, fièvre : ſucceſſivement agacement de nerfs, tremblement des mains, des bras, des jambes. Je fus appellé au troiſième jour de la maladie, & ne me trompai pas ſur le genre ; j'annonçai du onzième au quatorzième une éruption qui eut effectivement lieu au tems indiqué : c'étoit une fièvre milliaire.

L'éruption se fit très mal : elle se maintint sur le front, & depuis le menton jusqu'au bas & à l'entour du col. Ce qui parut de boutons sur les bras étoit fort peu de chose. Dès-lors toute transpiration fut interceptée ; la peau devint terreuse, & le malade exhaloit une odeur de cadavre. Les évacuations qui n'avoient jamais été suffisantes, furent totalement supprimées vers la fin de la maladie. Alors le dégoût fut entier ; les foiblesses se succédèrent ; le froid gagna successivement les mains, les pieds, les jambes, les cuisses & le ventre : nul moyen de les réchauffer ; l'affaissement devint absolu, le marasme excessif ; enfin le malade tomba dans cette espèce de léthargie, qui sert d'avant-coureur à l'agonie & à la mort. Telle étoit la maladie au quarante-cinquième jour. Un de mes Confrères & moi avions inutilement prodigué tous nos ſoins pour faire prendre à la nature un cours moins funeſte.

Dans cet état de déſeſpoir, j'engageai M. Meſmer à venir voir le malade. Nous y arrivâmes vers le midi. Il fut tellement effrayé du froid glacial & du maraſme, qu'il me reprocha, en ſecret, de le rendre l'inutile témoin d'un malheur inévitable. Néanmoins il prit l'enfant par les mains, & quelques minutes après, l'eſtomach & la poitrine furent couverts d'une moiteur gluante. L'attouchement de la langue procura une chaleur intérieure & agréable. Demi-heure après le malade urina. Vraiment étonné de voir produire dans ce court intervalle au Magnétiſme animal des effets que quarante-cinq jours de nos remèdes avoient peut-être éloignés, je pressai M. Mesmer d'achever ce qu'il commençoit aussi-bien. Il s'y refusa ; car il voyoit cet enfant hors de tout espoir : il le voyoit mort. Mais si la résistance fut grande, mon obstination fut opiniâtre : je l'emportai ; & en conséquence le malade fut mis dans un bain. Il y resta cinq quarts-d'heure, disant gaiement qu'il se portoit bien. Dans la soirée, la chaleur revint : la moiteur se répandit dans l'universalité du corps : l'appetit se fit sentir : le malade mangea une écrevisse, du pain, & but de l'eau mêlée de vin de Champagne blanc. Dans la nuit, le sommeil fut calme : l'enfant ne se réveilla que pour demander à manger ; & enfin une évacuation infecte soulagea la nature affaissée.

Le reste de cette cure demanda trois ou quatre semaines. J'ai peu vu ce jeune-homme depuis; mais je l'ai vu. Il étoit gras, alerte, & avoit tous les ſignes d'une bonne ſanté.

RÉFLEXIONS.

On demande quelquefois ſi M. Meſmer fait des cures ? Moi, je demanderois volontiers ſi la Médecine ordinaire en cite beaucoup de cette évidence ? Encore puis-je dire que, pour ne pas fatiguer mes Lecteurs, j'élague des détails aggravans, ſurprenans & intéreſſans.

La nature, dit-on, fait ſouvent de ces choſes-là. Pas ſi ſouvent, répondrai-je. Quand la nature a pendant quarante-cinq jours ſuivi une marche conſtamment progreſſive vers la mort, il eſt très-rare qu'elle revienne ſur ſes pas. Mais ſoit : accordons que cette objection ſoit valable dans le fait particulier que je viens de citer, & réduiſons-nous à demander qu'elle ne ſerve pas de champ de bataille éternel. En matière importante, il ne faut pas croire légèrement, mais il faut être de bonne-foi.

J'ai quelquefois entendu décider hardiment que M. Meſmer n'avoit aucune découverte, & que s'il faiſoit des choſes extraordinaires, c'étoit en ſéduiſant l'imagination. J'obſerve que ce n'eſt pas ici le cas de l'application. Perſonne n'étoit prévenu de l'arrivée de M. Meſmer. Le malade ne le connoiſſoit pas : il n'en avoit jamais entendu parler, & il étoit d'ailleurs trop affaiſſé pour s'en occuper le moins du monde volontairement.

Mais enfin, ſi M. Meſmer n'avoit d'autre ſecret que celui de faire agir l'imagination efficacement pour la ſanté, n'en auroit-il pas toujours un bien merveilleux? Car ſi la

Médecine d'imagination étoit la meilleure, pourquoi ne ferions-nous pas la Médecine d'imagination ?

Pour ne plus revenir ſérieuſement à ces deux objections, je vais citer un fait qui me paroît les combattre toutes deux ſuffiſamment.

Je fus appellé dans une maiſon de Paris par un Chirurgien juſtement eſtimé. J'y vis le ſpectacle d'une jeune demoiſelle, étendue ſur ſon lit, ſans connoiſſance, & en état de convulſions depuis cinq jours. Les évacuations étoient ſupprimées, & les mouvemens convulſifs étoient ſi violens, que les efforts de quatre perſonnes ne pouvoient s'y oppoſer. Je remarquai que la malade, couchée ſur le dos, n'appuyoit ſur ſon lit que de la tête & des talons.

Le Chirurgien avoit employé toutes les reſſources de l'Art : je ne pouvois faire mieux. Alors je me déterminai à requérir M. Meſmer. Il étoit très-tard, & nous ne pûmes nous joindre qu'à dix heures du ſoir auprès de la malade. M. Meſmer l'ayant examinée, m'annonça qu'il lui faudroit peut-être trois ou quatre heures pour la faire revenir de cet état; & malheureuſement les circonſtances ne lui permettoient pas de demeurer ce tems-là auprès d'elle. Il fallut que le ſentiment de l'humanité cédât à la néceſſité, & remettre l'opération au lendemain. Nous fûmes en quelque ſorte conſolés de ce fâcheux contre-tems, en ce que nous crûmes reconnoître qu'il n'y avoit pas de danger pour la vie. Cependant M. Meſmer ne ſe retira qu'après avoir obtenu une évacuation par les urines.

Le lendemain, à neuf heures du matin, moment de l'arrivée de M. Meſmer, l'état étoit le même. Je ne

me

me rendis qu'à dix. A onze la malade reprit ſon entière connoiſſance : les évacuations ſe rétablirent, & trois jours après, elle fut en état de ſe rendre au traitement de M. Meſmer. Je ne parlerai pas de la ſuite de ce traitement. Il eſt cependant un des plus ſinguliers, des plus apparents & des plus inſtructifs que j'aye vûs chez M. Meſmer.

L'exemple d'une perſonne ſans connoiſſance depuis cinq jours laiſſe peu de priſe, ce me ſemble, aux partiſants de l'imagination.

D'un autre côté, ſi la nature renvoyée au lendemain par la néceſſité, a eu la bonté d'attendre l'heure de M. Meſmer, il faut convenir qu'elle eſt bien complaiſante à ſon égard, & en même-tems bien cruelle pour moi, qu'elle paroît prendre à tâche de faire tomber en erreur.

CANCER OCCULTE.

Mademoiselle ***, âgée d'environ trente-cinq ans, s'apperçut il y a quelques années, d'une tumeur douloureuse dans la partie inférieure du sein gauche. Depuis, elle a employé différens remèdes; le succès n'en a pas été heureux. Il s'est formé plusieurs glandes autour & à la partie supérieure du sein qui en s'aggrandissant, se rapprochant & s'unissant, l'ont tellement enflé, que la peau y résistoit avec peine. Deux éminences douloureuses & de couleur plombée se sont jointes au premiers maux, & le bout du sein a formé, en s'enfonçant, un cercle noirâtre, siége de douleurs particulières & lancinantes. Enfin le sein droit étoit engorgé de glandes éparses. Toutes les habitudes salubres du corps étoient perdues: la simple marche occaſionnoit à la malade des douleurs très-vives ; la voiture lui étoit inſoutenable : elle ne ſe couchoit plus dans ſon lit : elle s'y tenoit ſur ſon ſéant ; & le plus ſouvent c'étoit pour ſe plaindre de ne trouver ni ſommeil ni repos.

On ne connoiſſoit plus d'autre reſſource que l'amputation, avec cette circonſtance effrayante , qu'un tel ſecours ne pouvoit être regardé comme efficace, en ce que la maſſe du ſang ou des humeurs étant viciée, il paroiſſoit impoſſible de détourner la cauſe ou de la détruire.

Telle eſt la maladie que M. Meſmer , entreprit de traiter avec l'eſpoir du ſuccès. Quand nous examinâmes l'état de la malade, nous en conclûmes que s'il empêchoit le ſein de s'ouvrir, il auroit fait une cure merveilleuſe. Il s'y engagea cependant, & il a été bien plus loin, puiſque la malade eſt infiniment ſoulagée. Les glandes vagues ont diſparu; la principale eſt conſidérablement diminuée; les douleurs ſont tolérables; la malade a repris le ſommeil; elle marche & va librement en voiture; elle connoit enfin une tranquillité dont elle avoit déſeſperé pour la vie.

RÉFLEXIONS.

Ceci n'eſt pas une cure. Ce n'eſt qu'un traitement. Mais, quel traitement ! Qu'il eſt conſolant par ſes effets connus & par les eſpérances qu'il donne ! Le tems, la patience & la réſignation de la malade, peuvent ſeuls autoriſer une déciſion plus tranchante.

CANCER OCCULTE *compliqué de goutte ſereine.*

Mademoiſelle * * *, âgée de vingt ans, a eu la vue baſſe dès l'âge le plus tendre. Elle n'appercevoit de l'œil gauche que les objets placés directement vis-à-vis de l'organe.

Au mois d'Octobre 1778, elle ſentit tout-à-coup une tenſion douloureuſe autour des yeux, un déchirement dans la tête & ſur les paupières un ſpaſme qui l'empêchoit de les lever.

Au mois de Juin 1779, elle obſerva que l'œil gauche avoit totalement perdu la faculté de voir. L'œil droit étoit tellement affecté, qu'il ſuffiſoit à peine à la conduire: tout travail des mains lui cauſoit des douleurs très-vives, & elle ne pouvoit ſe tenir en face du grand jour qu'elle ne riſquât de tomber dans des convulſions. Les Médecins conſultés attribuèrent ces accidents à la délicateſſe du genre nerveux.

Mais il exiſtoit une autre maladie.

La Demoiselle ***, avoit depuis quinze ans des glandes squirreuses au sein. La plus considérable étoit adhérente. En tout, elles étoient au nombre de vingt-deux. De longs traitemens n'avoient produit aucun bien & la terrible extirpation étoit le seul remède conseillé par les gens de l'Art.

Le Magnétisme animal réussit encore dans cette occasion. En moins de cinq semaines la Demoiselle ***, vit parfaitement des deux yeux. Elle distinguoit sans douleur les objets à des distances éloignées ; & même l'œil gauche voyoit non-seulement directement, mais encore de côté ; avantage dont il n'avoit jamais joui. Les succès ne se sont pas démentis depuis. Cependant on observe toujours un reste de pesanteur dans les paupières.

Le moyen employé ne s'arrêta pas là. En même-tems qu'il attaquoit la goutte ſereine, il détruiſit vingt-une glandes. Nous eſpérions que la dernière ne tiendroit pas longtems. Sa forme applatie & le travail journalier que nous y remarquions étoient des augures très-favorables; nous nous trompions également M. Meſmer & moi : dans le fait, la glande étoit adhérente. On n'en découvroit que la ſuperficie. Mais lorſque par la ſuite du traitement, elle ſe fut détachée & qu'elle fut devenue roulante, nous nous apperçûmes que le noyau en étoit beaucoup plus conſidérable & beaucoup plus réſiſtant que nous ne l'avions ſuppoſé.

Ce qui doit conſoler la malade de la longueur du traitement, c'eſt que d'ailleurs elle ſe porte très-bien, & qu'elle éprouve tous les jours de nouveaux ſoulagemens. Le noyau va ſans ceſſe en diminuant. Elle a même un moyen immanquable de prédire chaque diminution, qui ne se fait jamais, que la glande ne se gonfle & ne grossisse quelques jours auparavant. Cette marche assurée n'est pas un phénomène peu remarquable.

RÉFLEXIONS.

Ainsi qu'un torrent entraîne aisément les sables amoncelés devant lui & ne détruit que par succession de tems le rocher qui leur servoit de base, de même on voit ici le Magnétisme animal enlever avec facilité les humeurs nouvelles non consolidées, & ne travailler qu'avec lenteur & constance dès qu'il est parvenu au siége invétéré du mal.

Y a-t il ici une cure? n'y en a-t-il point? M. Mesmer répond assez froidement à cette interrogation, que faite voir des deux yeux une Perſonne qui ne voyoit pas d'un ſeul eſt une cure réelle. Nous, nous lui répliquons que la cauſe de la goutte ſereine étant ſuivant les apparences la même que celle du cancer : il n'y a qu'une ſeule maladie, qu'un ſeul traitement, qu'une ſeule guériſon, & qu'ainſi il faut que tout ſoit détruit, pour annoncer une cure.

C'eſt ainſi que Deſcartes apprit à ſes antagoniſtes à ſe ſervir de ſes propres armes contre lui.

Quoiqu'il en ſoit, voilà matière à diſſerter pour ceux qui en ont le goût.

Taye sur l'Œil *avec ulcère & hernie. Syſtême des glandes engorgées.*

Lorſqu'on préſenta la nommée *** à M. Meſmer, je jugeai qu'il refuſeroit de la traiter. En élaguant des détails très-graves, il ſuffira de dire qu'elle avoit l'œil gauche profondément enfoncé dans l'orbite, & vraiſemblablement fondu. L'œil droit au contraire étoit ſaillant en même proportion, & recouvert d'une taye griſe & épaiſſe, enſorte que cette perſonne étoit abſolument aveugle.

Après l'examen, M. Meſmer jugeant que l'œil gauche étoit fondu, dit qu'il ne ſe chargeoit pas de rétablir des organes détruits ; mais qu'il ſe faiſoit fort de remettre les deux yeux à leur place, de rendre la clarté à celui qui étoit recouvert d'une taye, & de procurer de l'embonpoint à la malade. Il a parfaitement tenu parole en quatre ou cinq ſemaines : elle voit très-bien, & eſt auſſi graſſe qu'elle étoit maigre.

Reſte la cauſe qui exiſte vraiſemblablement dans l'engorgement du ſyſtême des glandes. Elle eſt vivement attaquée, mais non encore entièrement détruite par le Magnétiſme animal. On ſait aſſez que les humeurs ſcrophuleuſes ont été de tout tems le déſeſpoir de la Médecine. Cet enfant en particulier avoit inutilement eſſayé les ſecrets de gens renommés dans notre Art.

Il ne faut pas cependant en conclure que M. Meſmer ne réuſſira pas dans ce traitement. Les progrès en bien ſont trop marqués à tous égards pour que l'on ne doive pas les compter pour beaucoup & tout eſpérer pour les ſuites.

RÉFLEXIONS.

On peut élever ici la même queſtion que ſur le fait précédent. Y a-t-il une cure ? n'y en a-t-il pas? Des yeux ſont-ils quelque choſe ou rien ?

OBSTUCTIONS COMPLIQUÉES.

Madame ***, âgée de trente-ſix à quarante ans, a toujours été d'une ſanté délicate, ſujette à des migraines fréquentes & à des ſuppreſſions. Elle uſa de beaucoup de remèdes dans ſa jeuneſſe. A peine ſe paſſoit-il deux mois dans l'année, qu'elle n'eût recours aux ſaignées, purgations, pillules, &c. Il y a quinze ans que des humeurs acrimonieuſes ſe manifeſtèrent au dehors. Les médicamens les firent paſſer dans le ſang; mais elles reparurent de tems à autre, juſqu'à la formation de glandes au ſein & d'obſtructions. La malade a ſouffert il y a ſix ans l'extirpation de l'une de ces glandes. Quatre ans après elle a eu une fièvre maligne; ſes obſtructions ont augmenté, ſur-tout celles de la rate: le déſordre de l'eſtomach étoit au comble: tout aliment cauſoit indigeſtion. Les médecines ne faiſoient plus d'effet: le petit lait étoit la ſeule nourriture. Dans cet état de douleur, d'épuiſement & de maigreur, elle a eu recours à M. Meſmer le 20 Novembre dernier.

Dans ſon traitement, elle a été ſujette juſqu'au 6 Janvier ſuivant, à des criſes très-vives & douloureuſes. Elle a demeuré quelquefois ſix heures ſans connoiſſance. Pendant les criſes, la mélancolie étoit profonde, & les larmes abondantes. Au 6 Janvier, les évacuations ſe ſont déclarées, & les criſes de pleurs ſe ſont changées en criſes de rire; mais l'eſtomach avoit repris ſes fonctions, les migraines ont ceſſé, les nerfs ſe ſont tranquilliſés, les glandes ont diſparu, l'embonpoint eſt revenu. Enfin les criſes n'ont plus eu lieu & la malade a quitté M. Meſmer avec parfaite ſanté & pénétrée de reconnoiſſance.

RÉFLEXIONS.

Liſez & jugez : je n'ai rien à ajouter. Je ne parle pas d'autres cures d'obſtructions ; mais ce n'eſt que pour éviter les longueurs. Je pourrois en citer pluſieurs de non moins extraordinaires que celle-ci.

CÉCITÉ
à la ſuite d'inflammation aux yeux.

Le nommé *** étoit Laquais d'une de mes connoiſſances particulières. A la ſuite d'une maladie & des remèdes qu'elle exigea, ſes yeux s'enflammèrent & s'atrophièrent. Il devint aveugle au point de ne pouvoir ſe conduire ſeul.

Son Maître lui étoit attaché & gémiſſoit de n'avoir pas une fortune ſuffiſante pour aſſurer la tranquillité de cet honnête garçon. Les Quinze-Vingts étoient la ſeule reſſource ouverte, mais difficile à obtenir. Dans ces circonſtances, je fus prié de faire voir le malade à M. Meſmer. Je lui aſſignai une heure pour venir m'y trouver. Fidèle au rendez-vous, le nommé *** ſe fit conduire par un Savoyard du Château des Thuileries au Marais. Je le fis introduire : M. Meſmer toucha ſes yeux quelques minutes : l'aveugle devint clairvoyant; & dans la joie de ſon cœur, il deſcendit, paya ſon Savoyard, le renvoya & s'en retourna chez lui ſans conducteur.

La réflexion ſuccéda à l'efferveſcence du contentement, & le lendemain dès le matin, le malade, toujours voyant, mais pleurant, vint me prier de le préſenter de nouveau à M. Meſmer, & d'en obtenir un traitement suivi. Je consentis encore à faire ce qui dépendroit de moi.

Sa harangue à M. Mesmer fut simple : » je vois, Monsieur, lui dit-il ; » & c'est à vous que je le dois. » Mais je conçois bien que je ne suis » pas guéri. Je viens vous prier de » m'accorder la grace entière. Je suis » pauvre, hors d'état de vous rien » offrir, & incapable de vous ren- » dre aucun service. Une bonne » œuvre sera votre seule récompense : » Néanmoins, je reste ici & j'espère » que vous ne me chasserez pas. Le » tems que je ne serai pas auprès de » vous, je le passerai dans votre gre- » nier : je trouverai moyen de m'y » établir. «

M. Mesmer, très-incommodément logé, n'ayant pas l'honneur d'être propriétaire d'un grenier, il fallut régler cet article différemment.

Après

Après quoi le nommé *** entra en traitement. Il a recouvré la vue en quelques ſemaines.

Mais j'ai dit que les yeux étoient atrophiés, & couverts de taies griſes. M. Meſmer continue ce traitement pour le perfectionner. En attendant le malade reconnoiſſant ſeroit bien fâché que ſon bienfaiteur chargeât un autre que lui des commiſſions pénibles que l'immenſité de Paris rend ſi communes.

RÉFLEXIONS.

Je n'ai jamais entendu l'honnête garçon dont je parle, raiſonner ſur le Magnétiſme animal. Il ſe contente de le bénir. Il entre humblement dans le ſallon deſtiné au traitement, ſe gliſſe dans un coin; & là, ſerviable & modeſte, il profite avec confiance des ſoins charitables de M. Meſmer.

JAUNISSE ET PALES COULEURS.

La jeune Demoiselle * * * avoit la Jaunisse depuis deux ans. Les maux de tête, les maux de cœur, les lassitudes dans les jambes lui occasionnoient un tel anéantissement qu'elle pouvoit à peine marcher. Un appétit fantasque, ainsi qu'il est d'usage en ces sortes d'incommodités, la portoit à préférer les alimens nuisibles aux alimens nutritifs. Nubile depuis trois ans, elle n'en avoit les apparences que tous les six mois.

Cette Demoiselle se présenta pendant quinze jours au traitement de M. Mesmer. Le troisième, les maux de tête, d'estomac, les lassitudes & les anéantissemens disparurent successivement, les bonnes digestions rendirent à l'appétit des goûts salutaires: quelques accès de fièvre annoncés eurent lieu:

la diarrhée dura cinq jours. Cependant il restoit de la pâleur & le cours périodique de la nature ne s'étoit pas manifesté lorsque la Demoiselle *** alla passer quelques jours dans une campagne près de Paris où elle réside. Elle y assista à un bal où elle mangea, but & dansa à l'égal de ses compagnes. A son départ, M. Mesmer l'avoit prévenue qu'elle ressentiroit sous peu des atteintes de coliques suivies de nouvelles évacuations. Ces pronostics réalisés, la Demoiselle *** est revenue passer six jours au traitement, après quoi elle s'est retirée en parfaite santé.

RÉFLEXIONS.

Il suffit d'aller aux promenades publiques pour s'assurer de l'insuffisance de l'art dans l'espèce de maladie que je viens de citer. Mille témoins décolorés dépoſent chaque jour contre l'inefficacité de nos ſoins les plus ſuivis.

FLUX HÉPATIQUE.

M. ***, âgé de trente-cinq ans, étoit depuis pluſieurs années d'une aſſez mauvaiſe ſanté. A tous les renouvellemens de ſaiſon, il éprouvoit des dérangemens d'eſtomach. Il fut attaqué dans les premiers jours d'Octobre 1779, d'une eſpèce de diſſenterie, appellée flux hépatique. Il alloit à la garde-robe trente à quarante fois dans la journée, tant de nuit que de jour : il y rendoit des mélanges de ſang & de glaires.

Il s'adreſſa à un Médecin eſtimé : il en fut traité pendant deux mois & demi ſans ſuccès.

Un ſecond lui fit prendre des tiſanes : il ne fut pas plus heureux.

Un troiſième, après lui avoir déclaré que ſa maladie ſeroit longue, & lui avoir fait prendre quantité de remèdes, le remit au mois de Mai ſuivant pour être guéri : le mal augmentoit.

Un quatrième le traita pendant un autre mois : nul ſoulagement.

Le cinquième (M. Meſmer) l'entreprit le 3 Mars 1780. Dès le quatrième jour le malade s'eſt ſenti beaucoup mieux. Succeſſivement il a dormi, bû, mangé; les alimens qui lui étoient autrefois les plus contraires, lui ſont ſalubres. Enfin, dans le mois d'Avril il jouiſſoit d'une ſanté beaucoup meilleure qu'avant ſa maladie.

RÉFLFXIONS.

On a prétendu que les effets avantageux opérés par le Magnétiſme animal n'étoient que momentanés.

Cela peut être. Nous verrons ailleurs quelle réponse solide on peut faire à cet argument ; mais en attendant, on ne peut nier, d'après l'exemple ci-dessus, & bien d'autres, que le Magnétisme animal n'ait opéré des soulagemens là où les remèdes usités n'avoient fait qu'aggraver les maux.

EPILEPSIE.

La nommée ***, âgée de seize ans, est-elle épileptique de naissance ou dès son bas âge ? Ce fait n'est pas bien constaté. Elle a été soignée par M. Mesmer avant que je connusse ce Médecin, & fut obligée de le quitter lorsqu'il prit la résolution de ne plus traiter personne à Paris ; mais elle est revenue chez lui dès qu'il a repris des malades.

Je ne puis donc rendre compte du commencement de la maladie comme témoin ; mais je ſais par gens dignes de foi, que cette fille tomboit ſi fréquemment en accident, qu'elle en étoit un objet de compaſſion.

Le Magnétiſme animal lui procura d'abord, m'a-t-on dit, l'avantage de prévoir ſes accès ; enſuite, ce dont j'ai été témoin, ces accidens ont eu ſeulement lieu comme criſes accélérées par le Magnétiſme animal. Ils étoient ſuſpendus dans l'intervalle des traitemens. J'ai vu ces criſes très-violentes ; mais par ſuite de tems elles ſe ſont tellement modérées, que la malade n'avoit plus qu'à pencher ſa tête ſur le dos de ſa chaiſe, y demeurer dans un état de pamoiſon l'eſpace de quelques ſecondes, & revenir à elle tranquillement. Elle en étoit là quand ſes parens, qui avoient ſans doute beſoin de ſes ſecours, l'ont obligée à ſe retirer.

RÉFLEXIONS.

Il eſt très-fâcheux que cette expérience n'ait pas été pouſſée juſqu'à ſon dernier période : non pas que je ne croye la malade guérie, mais il exiſtoit encore un reſte de criſe ; & la nature de la maladie eſt telle, qu'on n'auroit pu y apporter une attention plus ſcrupuleuſe.

D'ailleurs, toutes réflexions ſeroient inutiles. Le principe, quel qu'il ſoit, qui agit auſſi efficacement contre l'épilepſie, eſt certainement très-précieux à l'humanité.

PARALYSIE COMMENÇANTE.

L'Hyver dernier, M. ***, tomba ſubitement paralytique de la moitié du viſage. Il parloit de la moitié de la bouche, ne reſpiroit que par une narine, ne remuoit qu'un œil, étoit borgne; & les rides caractériſées de ſon front n'étoient viſibles que d'un côté. Enfin la moitié de ſa figure étoit dans ſon état ordinaire, l'autre étoit tombante, faute d'élaſticité dans les muſcles deſtinés à la ſoutenir : à ſon aſpect les uns rioient & les autres s'attendriſſoient.

Le malade ayant réfléchi quelques jours ſur ſon état, me pria de l'introduire chez M. Meſmer dont il avoit beaucoup entendu parler. Je l'y menai, & quatre jours après, la paralyſie étoit diſſipée. Les amis du malade qui ne l'avoient pas vû dans l'état que j'ai dépeint, ne pouvoient pas croire qu'il eût été incommodé.

RÉFLEXIONS.

Voilà une cure dont j'eſpère que

l'on ſera généralement ſatisfait. Son oſtenſibilité, ſa ſingularité, ſon eſpèce ont permis aux plus ignorants d'en reconnoître le genre & la vérité.

Il n'y a que les partiſans de l'imagination qui puiſſent la diſputer au Magnétiſme animal.

Cependant cette cure, toute extraordinaire qu'elle eſt, M. Meſmer en fait peu de cas. » Vous avez » éprouvé, diſoit-il au malade, un » accident très-grave; mais vous ne » l'avez éprouvé que parce que vous » êtes vaporeux, & vous n'êtes va» poreux que parce que vous êtes » rempli d'obſtructions «. Il lui conſeilla de ſe faire traiter plus amplement. Le malade ſentit la verité & la neceſſité du conſeil; mais plus amoureux de ſon cabinet & de ſes livres que de ſa ſanté, il ne s'occupe de cette dernière que lorſque, à ſon avis, il n'a rien de mieux à faire.

PARALYSIE
avec atrophie de la cuiſſe & de la jambe.

Mademoiſelle ***, âgée de dix à onze ans, eut à la ſuite de la rougeole ou de la dentition, la jambe, la cuiſſe & le bras gauche paralyſés. On parvint dans le principe à rétablir le bras, mais la jambe & la cuiſſe ont réſiſté pendant huit ans aux efforts de l'Art. La malade préſentée il y a deux ans aux écoles de Chirurgie y fut jugée incurable.

Lorſqu'elle entra chez M. Meſmer, vers le mois d'Août 1779, le pied, la jambe gauche & la cuiſſe avoient depuis longtems perdu toute chaleur naturelle : les chairs étoient deſſéchées & racornies; & même les os étoient plus courts & plus minces que ceux de l'autre côté du corps. Ces parties n'étoient susceptibles d'aucun mouvement spontané, & la malade ne marchoit qu'en jettant sa jambe en avant à l'aide d'un mouvement de la hanche.

Aujourd'hui les chairs sont revenues : les os ont grossi : les mouvements sont libres : & ce qu'il y a de très-singulier, le pied gauche autrefois le plus court, est à présent le plus long, soit qu'originairement la nature l'eût voulu ainsi, & n'ait fait que reprendre ses droits à l'aide du Magnétisme animal, soit par tout autre effet incompréhensible pour moi. Cette jeune fille cahote encore très-désagréablement en marchant; mais elle peut tellement passer pour ingambe en comparaison de ce qu'elle étoit autrefois, que tout en assistant au traitement, elle se plaît à faire dans la maison les commissions des autres malades.

RÉFLEXIONS.

M. Mesmer continue ce traitement. Il espère mieux. D'après le passé, on ne peut raisonnablement disputer avec lui sur l'avenir; mais quel que soit l'évènement, il m'est impossible de ne pas ranger les effets obtenus au nombre des cures parfaites. Il n'y a pas de Médecin au monde qui ne se glorifiât d'en avoir fait autant, & qui ne taxât d'injustice celui qui en prendroit occasion de déprécier ses talents.

Pour ne plus parler de paralysie, j'ajouterai que j'en ai vû traiter deux *parfaites* par M. Mesmer. Les deux sujets étoient sexagénaires.

L'un commençoit à ressentir de

bons effets; mais par des arrangements particuliers, il n'a pas ſuivi ſon traitement.

L'autre a été plus conſtant. Ses progrès ſont très viſibles, puiſqu'il marche, écrit de ſa main paralytique, agit ſans ſecours, & que d'ailleurs il a acquis de l'embonpoint & de la vigueur. Néanmoins, je penſe que tout en auroit été mieux ſi le chagrin le plus vif & le plus légitime n'avoit pas traverſé ſon traitement.

SURDITÉ.

A la ſuite d'une fièvre maligne, environ à l'âge de dix ans, M. ***, Militaire, actuellement âgé de vingt à vingt-cinq, ſe trouva ſourd de l'une ou des deux oreilles. Car ſes camarades prétendoient qu'il auroit une raiſon de plus qu'eux pour être de ſens-froid auprès des batteries, puiſqu'il ne les entendoit pas.

Cette expreſſion eſt outrée. Le Jeune-homme entendoit mal de la meilleure oreille, mais il entendoit. Son traitement n'a pas été long. Il n'a guères duré que trois ſemaines, ſans y comprendre quelques interruptions forcées.

M. Meſmer traite un autre ſourd, âgé de trente-un ans, & Marin de profeſſion. Pour celui-ci, il n'y manquoit rien. Il n'entendoit pas à l'aide d'un porte-voix. Il avoit perdu l'ouie à la ſuite de fièvres gagnées au fonds de l'Aſie, & les miſères maritimes ayant conſidérablement augmenté le mal, il avoit à ſon arrivée en France, été déclaré incurable par le Médecin auquel il s'adreſſa. Cependant, il entend aujourd'hui diſtinctement ce qui ſe dit auprès de lui.

RÉFLEXIONS.

Le premier de ces traitements peut-il être donné pour une cure parfaite ? si le mal n'étoit que local, la chose est probable ; mais si la maladie avoit une source & une existence plus générale, il est très-possible, vû son ancienneté & la briéveté du traitement, que cette cure ressemble à la plûpart des nôtres.

J'ai eu plusieurs fois occasion de revoir ce Militaire. Il m'a paru entendre parfaitement ce qu'il écoutoit ; mais, soit reste de surdité, soit distraction habituelle acquise par quinze ans d'indifférence sur ce qui se disoit autour de lui, on est quelquefois obligé de le faire appercevoir qu'on lui parle. Ces circonstances ne me permettent pas une opinion décidée. C'est à l'ex-malade à s'examiner soigneusement,

gneuſement, & s'il lui reſte des doutes, il me paroîtroit imprudent en matière auſſi intéreſſante de reſter à moitié chemin.

Quant au ſecond traitement, on ne le donne pas pour une cure.

RHUMATISME DANS LA TÊTE.

M. ***, eſt âgé de trente-ſix à quarante ans. Il a été ſubitement attaqué d'un Rhumatiſme, dont le ſiége étoit fixé dans un des côtés de la tête.

La violence de ſes douleurs étoit extrême. Le lit les augmentoit au point que ſuivant l'expreſſion du malade, ſa tête reſſembloit alors à une enclume ſur laquelle on frappoit à coups de marteaux redoublés. Privé de repos & de ſommeil ſon état lui paroiſſoit d'autant plus déſeſpérant qu'il n'avoit jamais été malade. Il étoit, diſait-il, peu accoutumé aux ſouffrances.

Il avoit connu autrefois M. Meſmer, à Vienne, & pris pour lui un fonds d'eſtime dégagé de tout intérêt perſonnel. La violence du mal ne lui permit peut-être pas de ſonger à ce Médecin dans les premiers jours; mais enfin, il alla le trouver, renoua connoiſſance & lui peignit ſon état. M. Meſmer le toucha avec attention & lui occaſionna une tranſpiration remarquable ſur-tout pour le malade, qui accoutumé par état à des exercices journaliers & violents, a perdu toute habitude de ſueur.

En rentrant chez lui, les douleurs étoient augmentées; mais fixées auparavant dans une partie de la tête, elles en occupoient alors toute la capacité. Il pria ſa femme & ſes enfants de l'entourer, dans la diſpoſition où il étoit de paſſer la nuit ſur ſon fauteuil. Cependant, le ſommeil le gagnant, il ſe mit au lit, y dormit bien & longtems. A ſon réveil, il fut agréablement ſurpris de ſe trouver délivré de tous ſes maux.

Il eſt revenu au traitement pendant trois ou quatre jours, moins par néceſſité que par précaution. Il y a environ deux mois que ce fait s'eſt paſſé, il n'eſt rien arrivé depuis qui doive en affoiblir le merveilleux. La perſonne en queſtion jouit d'une très-bonne ſanté, & comme à ſon ordinaire d'une tête grandement organiſée.

CONTRE-COUP A LA TÊTE.

M. ***, âgé de plus de ſoixante ans, fit une chûte dangereuſe. La tête porta, & le contre-coup ébranla toute la machine. Les remèdes uſités, auxquels on eut promptement recours, furent insuffisans : la tête resta embarrassée ; les yeux se gonflèrent. Le sommeil & l'appétit manquèrent : les douleurs étoient fréquentes, le mal-aise général ; & l'ensemble de l'économie animale visiblement affaissé. Enfin le malade fit usage de la *Poudre capitale*, remède connu par de très-bons effets.

Il n'en avoit encore retiré aucun soulagement, lorsqu'il fut entraîné comme malgré lui chez M Mesmer. C'étoit, je crois, trois semaines après l'accident. M. Mesmer le jugea grave, mais susceptible de guérison. Il promit d'en faire remonter la douleur du bas de la tête au sommet, & de procurer par le nez l'écoulement du dépôt vraisemblablement formé : de plus, il annonça que le front se pèleroit.

Le ton de M. Mesmer étoit simple, mais aſſuré. Moi, qui avois de forts indices qu'il ne s'avançoit point trop, je ne trouvai pas ſon langage extraordinaire : mais le malade parut en tirer un mauvais augure. Sans doute, il penſoit déjà qu'on l'avoit engagé dans une fauſſe démarche, lorſqu'une humeur âcre, qu'il ſentit couler de ſes narines, à la ſuite des ſoins de M. Meſmer, l'avertit qu'il étoit tems de ſe moucher; action peu remarquable dans le cours ordinaire de la vie, mais très-importante pour le malade, qui depuis les premiers jours de ſon accident avoit perdu cette faculté.

Trop ſage pour donner dans une incrédulité outrée, il ſe détermina à ſuivre un traitement. En cinq ou ſix jours les pronoſtics de M. Meſmer ſe réaliſèrent juſqu'à l'évacuation par le nez incluſivement.

En réfléchiſſant ſur ces effets extraordinaires, il pouvoit reſter au malade des doutes légitimes ſur leur cauſe. Les devoit-il au Magnétiſme animal ? Les circonſtances rendoient cette façon de penſer probable. Les devoit-il à un effet tardif de la *Poudre capitale* ? Cela pouvoit être.

Le doute fut bientôt levé. Le malade fut obligé de s'abſenter pluſieurs jours. Les premiers accidens reparurent ; & cette fois-ci la *Poudre capitale* ne fut pas employée. Le malade alla auſſi-tôt retrouver M. Meſmer, qui lui reprocha obligeament une trop longue abſence dans un moment précieux. Le traitement fut repris, ſuivi avec conſtance, & en moins d'un mois, les Prophéties Meſmériennes furent accomplies : il n'y eut rien à déſirer, pas même le front à peler.

RÉFLEXIONS.

Cette cure & la précédente ne ſont extraordinaires que par l'agent qui les a produites. Nous en obtenons aſſez fréquemment de pareilles : à cela près, que nos moyens ſont un peu plus fatigans que ceux de M. Meſmer.

En général ce Médecin n'attache pas une grande importance à ſes ſuccès, dans tous les maux dont le ſiége eſt purement local & accidentel ; il ſe trouve trop à ſon aiſe. Il lui faut, comme dit Molière, des tempéramens bien délabrés, des maſſes de ſang bien viciées, &c.

J'ai réfléchi quelquefois que ſi M. Meſmer avoit été un homme avide d'argent, il auroit préciſément ſuivi une route contraire à la ſienne. L'homme, paroît plus ſenſible aux petits ſervices qu'aux grands, par la raison sans doute que la reconnoissance en est moins onéreuse. Si M. Mesmer étoit parti de ce principe, il auroit guéri tout Paris de maux de tête, de douleurs vagues, de petits accidens. En peu de tems sa réputation auroit été faite, ses coffres se seroient remplis ; & à ces avantages, il auroit joint celui d'embarrasser excessivement les gens qui se seroient permis de l'accuser de charlatanerie, en leur disant : » Faites-en autant «. Mais ce n'est pas-là son genre. Pour satisfaire son cœur & son génie, il faut lui présenter des mourans à soulager, des proies à arracher au tombeau.

Je m'apperçois que j'ai passé les bornes que je m'étois prescrites. Ce n'est pas que je n'aye élagué les détails autant que je l'ai pu ; mais je ne m'étois proposé que l'historique de douze traitemens, & j'en ai entremêlé un nombre plus grand. Je ne puis cependant m'empêcher d'en citer encore deux : le mien & celui de M. Meſmer. lui-même.

TRAITEMENT DE L'AUTEUR.

Depuis dix ans j'ai été ſujet à une douleur d'eſtomach, provenant d'une obſtruction au petit lobe du foie. Elle m'incommodoit fréquemment, & en tout tems je me tenois en garde contre tout ce qui pouvoit froiſſer ou heurter cette partie. Certains jours j'étois obligé de lâcher les boutons de ma veſte pour reſpirer à mon aiſe & ſans douleur. Aujourd'hui je frappe ſûr mon eſtomach ſans inconvénient.

J'avois en outre un embarras dans la tête & un froid continuel à la tempe droite, qui me gênoit beaucoup les jours de travail ou de fatigue.

Depuis long-temps ces deux incommodités me ſervoient à conſtater les expériences de M. Meſmer. Il avoit même eu pluſieurs fois la complaiſance de jouer de *l'Harmonica ou du Piano-forté* en leur faveur ; non pas ſans que je fuſſe obligé chaque fois de lui demander grace ſur la muſique.

Je lui dis un jour aſſez ſérieuſement que je me ferois traiter ſi j'en avois le tems. » Bon ! me répondit-il, ne venez-vous pas ici tous les jours ? » Vous êtes prudent : mettez-vous au » traitement, vous y demeurerez chaque fois le tems que vous voudrez ou » que vous pourrez. Si vous n'obtenez » pas guériſon entière, vous en prendrez moitié, un quart, un huitième : » ce ſera autant de gagné ». Je ſuivis ſon conſeil ; & dans le fait, j'ai eu comme les autres, mes criſes, mes évacuations, mes douleurs au foie, mes tourmens de tête; mon front s'eſt pelé, & je me ſuis trouvé ſoulagé. Dire en combien de tems j'ai obtenu ces effets, je ne le ſaurois. Mon traitement a été trop morcelé, pour m'être aſſujetti à un calcul quelconque.

RÉFLEXIONS.

Mon traitement mérite ſi peu d'attention dans l'hiſtoire du Magnétiſme animal, que je n'en aurois point parlé, s'il ne donnoit l'aſſurance que j'écris d'après des épreuves perſonnelles.

Il ne doit pas être rangé au nombre des cures. M. Meſmer m'a prouvé que je ne pouvois être radicalement guéri, & ſes raiſons m'ont paru valables.

TRAITEMENT DE M. MESMER.

M. Meſmer éprouva, il y a quelques

mois, un mal-aiſe général. Cet état ayant duré pluſieurs jours, il jugea à propos de s'examiner avec ſoin. Il ſe trouva, dit-il, rempli d'obſtructions. C'étoit bien le cas d'appliquer le proverbe : *Médecin guéris-toi toi-même.* Il n'y manqua pas. Sans doute il ſe traita en ami; car dans l'eſpace d'un mois il eut quatre ou cinq cents évacuations. Quelque vigoureux qu'il ſoit, il me parut en être fatigué. Auſſi, diſoit-il après cela, qu'il l'avoit échappé belle, & qu'il s'étoit aviſé à tems. Je l'ai vu recourir depuis au Magnétiſme animal, mais il en a été quitte pour deux ou trois jours de traitement.

RÉFLEXIONS.

Le Magnétiſme animal ſort continuellement des mains, des yeux, des pieds & par tous les pores de M. Meſmer, & cependant il ne lui occaſionne point de ſenſations apparentes.

Ce Médecin a-t-il beſoin d'être éprouvé? il ne fait probablement que changer la direction du Magnétiſme, & cet agent opère les révolutions non exagérées dont je viens de parler.

Si l'on porte à ce contraſte la réflexion néceſſaire, je ne doute pas qu'on ne le regarde comme une des choſes les plus extraordinaires que j'aie avancées juſqu'ici.

Ce contraſte n'eſt pas le ſeul. Il eſt aſſez ſingulier que celui qui entreprend avec ſécurité les maladies les plus tenaces, les plus difficiles, les plus incurables; qui n'agit que par un agent commun, & vraiſemblablement répandu dans un atmoſphere commun, il eſt ſingulier, dis-je, qu'il ſoit malade à ſon tour. Cependant on en eſt moins étonné quand on ſonge à la vie que mène M. Meſmer. Quelle vie! Il ſeroit difficile d'en concevoir une plus agitée. Dès les ſix heures du matin juſqu'à la nuit, ſa maiſon eſt priſe d'aſſaut : c'eſt le théâtre du ſpectacle le plus biſarre. L'un rit, l'autre pleure : celui-ci bâille, & celui-là crie. Les vapeurs, les convulſions, le délire & les défaillances viennent orner la ſcène enſemble ou tour à tour. Il ne doit jamais ſe promettre d'avoir un fauteuil de libre. Sa porte ſi ſouvent défendue, eſt toujours ouverte par des ſollicitations innombrables. On lui écrit de tous les coins de Paris ; on l'aſſomme de queſtions inutiles, de confidences douloureuſes ; on le tiraille de tous côtés. Jamais à lui, toujours aux autres ; & tout cela pour être berné par le public ! Il faut qu'il ait une tête de feu & un corps de fer.

Quelque choſe qu'on en diſe, il y

a quelque mérite à mener un train de vie auſſi rude lorſque pour s'en diſpenſer, il n'en coûteroit qu'un retranchement de complaiſance ou d'humanité.

Je n'ai vû M. Meſmer traiter que deux maladies aiguës. En voici le détail.

Dans le moment où Paris a été déſolé de rhumes, l'hiver dernier, un des malades de M. Meſmer qui a la poitrine très-délicate, & à qui nous ſommes très-attachés, eut le malheur de gagner une fluxion de poitrine. Il ſe trouva fort incommodé un Jeudi au ſoir, & fit avertir M. Meſmer, qui ne voulut rien entreprendre juſqu'au lendemain. Alors la maladie étant caractériſée, il le fit ſaigner *

* M. Meſmer admet la ſaignée & les vomitifs, non comme remèdes, mais comme

deux fois dans la journée & lui ordonna de boire de la limonade. Ce régime me parut si extraordinaire que je témoignai naturellement mes allarmes à M. Mesmer. Il me répondit avec la sécurité qui rassure quand on peut être rassuré. Le lendemain matin, il fut question d'une nouvelle saignée. Il doutoit qu'elle fût nécessaire; & moi, je la croyois très-dangereuse. Néanmoins après une mûre réflexion, il passa outre. La saignée eut lieu & pour réconforter le malade, on lui donna de nouvelle limonade. J'étois inquiet : toujours de la limonade? me disois-je.

Le soir, M. Mesmer traita le malade trois quarts d'heures de suite

---

propres à dégager les premières voies quand elles sont trop engorgées. Je lui ai vu faire usage de la première, & non des seconds.

& ſe coucha auprès de lui ſur un lit de repos. Environ une heure après il lui demanda : — Eh bien, mon ami, comment cela va-t-il? — Je ſuis à la nage : il me découle des perles d'eau du front. — C'eſt bien, il faut boire de la limonade, & le malade but de la limonade. Par le traitement du Samedi on peut juger de celui du Dimanche. Le Lundi matin la famille qui demeure à quelque diſtance de Paris, avertie du danger, arriva dans une extrême inquiétude. Le malade alla au-devant d'elle en l'aſſurant qu'il étoit guéri. En effet, on peut dire qu'il n'y eut pas de convaleſcence.

Voici la ſeconde maladie. On va croire entendre *Martine*, dans le *Médecin malgré lui. Un enfant tomba du haut du clocher en bas, ſe caſſa la tête & les bras : il le frotta d'un onguent qu'il ſait faire, & l'enfant courut jouer à la foſſette.*

La Demoiſelle ***, âgée de vingt-un ans & réſidente en Province, eut à Paris une fièvre maligne. Je fus appellé. Les ſimptômes étoient des plus fâcheux. Le dixième jour, le délire augmenta juſqu'au vingt-troiſième. M. Meſmer vint la voir alors. Il lui donna ſes ſoins, & au bout d'une demi-heure, elle revint a elle, me demandant ce qu'on lui avoit fait. Je me trompai au ton, & croyant devoir la raſſurer, je lui dis qu'on n'avoit pas voulu lui faire de mal. » Ce n'eſt pas cela que je dis, reprit-» elle, en gliſſant ſa main du haut de » la poitrine juſqu'au bas de l'eſto-» mach; au contraire, j'ai ſenti qu'on » prenoit mon mal avec la main & » qu'on l'éloignoit de moi «.

Je demande à tout Lecteur impartial ce qu'il auroit penſé, fait, & dit à ma place. Pour moi, je ne trouvais rien de plus conſéquent, que de demander à M. Meſmer ce qu'il falloit faire après ſon départ. Par ſon conſeil, je donnai de la limonade, de la crême de tartre, & autres acides légers. Je n'eus pas lieu de m'en repentir. La Demoiſelle * * *, conſerva ſon entière connoiſſance : les évacuations s'établirent, & ſe maintinrent très-régulièrement : à la convaleſcence la plus courte ſuccéda l'entière guériſon : huit ou dix jours après l'uſage du Magnétiſme animal, la malade étoit en parfaite ſanté & en état de partir pour le lieu de ſa réſidence : ce qu'elle fit à cette époque.

RÉFLEXIONS.

Un Médecin objectoit en ma présence à M. Mesmer qu'il pouvoit bien avoir tort d'attribuer au Magnétisme animal, les effets que ressentoient les malades, puisqu'il employoit des remèdes connus en conseillant la crême de tartre.

Je ne sais si l'objection déplut à M. Mesmer en elle-même ou par le ton; mais il répondit avec quelque vivacité. » Cela est vrai, Monsieur : » je leur ordonne aussi des poulardes & de la salade. A présent que » vous avez mon secret, à vous » permis d'en user. Je ne doute » pas que vous ne fassiez des merveilles «.

En voilà assez pour ceux qui voudront bien croire que je ne cherche pas à leur en imposer. Plus je parlerois aux autres, plus je leur deviendrois ſuſpect.

J'exigerois cependant que des deux côtés on fît attention, qu'en général, mes exemples ſont pris dans ces maladies graves qui de tout tems ont bravé les efforts de la Médecine connue. Perſonne n'ignore que lorſque nous étions aſſez heureux pour les guérir, c'étoit pour l'ordinaire, aux dépens de la conſtitution la plus robuſte. Quelle différence aujourd'hui ! le Magnétiſme animal, entre les mains de M. Meſmer, ne paroît autre choſe que la nature même, recueillant ſes forces pour ſurmonter les obſtacles qu'elle rencontre. D'abord, elle agit avec vigueur; mais par un effet bien oppoſé à tout ce que nous connoiſſons, c'eſt en fortifiant, & non en affoibliſſant, qu'elle s'ouvre un paſſage. Plus libre alors, elle devient plus douce : ſes efforts, moins contrariés, ſont moins violents ; & il ſemble qu'elle prenne à tâche d'achever avec patience ce qu'elle a entrepris avec courage. Du moins, tel eſt le jugement que des obſervations répétées m'ont fait porter ſur la marche de ce phénomène ſingulier. J'ai beau parcourir le vaſte recueil de nos connoiſſances en tout genre, je n'y trouve pas de ſpectacle plus attachant que celui dont les traitements par le Magnétiſme animal m'ont fait jouir. L'admiration y marche à côté de la ſurpriſe ; mais c'eſt une admiration douce, affectueuſe, compatiſſante, & qui par la vive peinture du bonheur & du ſoulagement inattendu de l'humanité ne laiſſe repoſer l'imagination que ſur des idées flatteuſes & conſolantes.

Il eſt tems de peſer une objection très-importante. J'ai annoncé * que je ne l'omettrois point ; mais c'eſt à M. Meſmer à y répondre lui-même : Je ne puis faire mieux que de répéter ici ce que je lui ai entendu dire pluſieurs fois.

On lui demande ſi l'on peut compter ſur la ſolidité de ſes cures : voici ſes réponſes.

» Deux claſſes de citoyens, dit il, » peuvent me faire cette queſtion : le » Public Médecin, & le Public non » Médecin «.

» Aux Médecins, je réponds : ou » je guéris radicalement, ou vous ne » guériſſez jamais ainſi ; car le Magnétiſme animal n'agit que par criſes, expectorations, évacuations,

* Voyez ci-deſſus les réflexions ſur le *flux hépatique.*

» transſpirations & moyens analogues.
» Or ſi vous ôtiez cela de la Méde-
» cine, vous ſavez bien qu'il n'y
» auroit pas de Médecine «.

» Quant au Public non Médecin,
» continue M. Meſmer; cette réponſe
» ne lui ſuffit pas. Il ne doit con-
» noître que l'expérience. Auſſi, ne
» demandé-je autre choſe, ſinon qu'on
» me mette à l'épreuve; & pour qu'il
» puiſſe bien être aſſuré qu'on ne le
» trompe pas, je tiens exceſſivement
» à ce que le Gouvernement protège,
» examine, & faſſe examiner la ſuite
» de mes opérations, de manière
» que ni moi ni les autres ne puiſ-
» ſions abuſer de la confiance pu-
» blique «.

Il paroîtroit difficile de tenir un langage plus péremptoire.

Quoiqu'il en ſoit, il eſt aujourd'hui démontré pour ceux qui ont fixé leur attention ſur cet objet, 1°. que la découverte du Magnétiſme animal n'eſt rien moins qu'une chimère. 2°. Qu'il exiſte dans la nature un agent inconnu juſqu'à ce jour. 3°. Que cet agent eſt curatif.

Le premier point ſe prouve par les faits. Leur ſingularité n'en détruit pas l'évidence.

Les deux autres peuvent donner matière à de nombreuſes réflexions, plus ou moins importantes, plus ou moins curieuſes, plus ou moins abſtraites, plus ou moins ſuſceptibles d'affirmation & de négation. J'en vais propoſer quelques-unes; mais comme je ne ſuis pas dans le ſecret de M. Meſmer, j'avertis qu'on peut y retrancher, augmenter, interpréter & condamner à ſa volonté. J'exhorte ceux qui ne croiront pas s'abaiſſer par un examen réfléchi, à lire les vingt-neuf propoſitions qui ſervent de précis au Mémoire de M. Meſmer. La onzième & ſuivantes, juſqu'à la vingtième incluſivement, ſont tellement affirmatives, qu'on ne peut ſe refuſer à quelque croyance, à moins d'accuſer de folie leur Auteur. Or certainement, M. Meſmer n'eſt pas fou.

Ce Médecin, dirai-je, eſt-il entièrement récuſable dans ſes prétentions, lorſqu'il annonce que ſon ſyſtême nous fournira de nouveaux éclairciſſemens ſur la nature du feu & de la lumière, ainſi que dans la théorie de l'attraction, du flux & du reflux, de l'Aimant & de l'Electricité? L'étendue que nos connoiſſances ont acquiſe depuis la découverte de ces deux derniers agens de la Nature, n'eſt-elle pas faite pour donner le plus grand eſpoir ſur celui qui ſe manifeſte après eux?

Quelques perſonnes qui n'en ſavent pas plus que moi, ont voulu prouver à M. Meſmer qu'il n'agiſſoit qu'au moyen de l'Aimant ou de l'Electricité. Celui-ci le leur a nié poſitivement; & en réponſe on l'a accuſé de Charlataniſme. Voilà qui va bien entre ces Meſſieurs; mais nous, à qui devons-nous nous en rapporter de préférence juſqu'à ce que nous puiſſions voir par nous-mêmes? A celui qui ſait ſon affaire, ou bien à ceux qui n'y entendent rien? Au fonds que nous importe pour le préſent l'inſtrument dont on ſe ſert. Les effets en ſont-ils moins nouveaux, moins ſurprenans, moins utiles? Ceci m'a bien l'air d'une chicane d'Auteur qui voudroit tout s'approprier par un mouvement trop ordinaire d'intérêt & de jalouſie. Quel malheur, en effet, que cette découverte ſoit de M. Meſmer.

Elle vaudroit bien mieux si elle étoit de tout autre.

M. Mesmer dit quelquefois que son agent est si commun & si près de nous, que lorsqu'il aura fait part de sa découverte, on sera surpris de son extrême simplicité. S'il en est ainsi, tant mieux.

Il présume au surplus qu'en des tems très-anciens, son systême doit avoit été mis en usage & réduit en théorie. Il prétend qu'il en reste des vestiges non douteux dans les mœurs, coutumes & superstitions des peuples : à la bonne-heure.

Mais si M. Mesmer doit naturellement s'attendre à quelque déférence sur les objets précédens, peut-il en exiger une pareille, lorsqu'il insinue que sa découverte est le fruit d'un systême sur l'influence mutuelle des corps célestes, de la terre & des corps animés ? Avant de nous prêter à la renaissance de ces opinions surannées, ne pouvons-nous pas raisonnablement soupçonner que la découverte a conduit au systême, & non le systême à la découverte ?

M. Mesmer a-t-il la certitude entière, ou seulement des indications vraisemblables qu'il existe dans la nature un fluide répandu & continué de manière à ne souffrir aucun vuide, dont la subtilité ne permet aucune comparaison, & qui de sa nature est susceptible de recevoir, propager & communiquer toutes les impressions du mouvement ? Si jamais M. Mesmer parvient à prouver tout cela, que de dissertations, que de volumes dont il sera le père !

Avons-nous des poles intérieurs ? Notre organisation est-elle sujette à un flux & reflux, ainsi que le prétend ce Médecin ? Ces deux questions suffisamment indiquées par des faits nouveaux, pour être rédigées en hypothèse vraisemblable, seroient du genre le plus curieux. Que seroit-ce donc si elles étoient suceptibles de démonstration ? N'est-il pas à présumer qu'elles deviendroient de la plus haute importance dans l'objet de notre conservation ? Quelques hasardées que paroissent ces idées au premier abord, il ne seroit peut-être pas moins indiscret de les rejetter dédaigneusement avant l'examen, que de les adopter légèrement avant la preuve. L'intermittence remarquable de notre nature est sans doute assujettie à des loix générales, ainsi que les autres phénomènes de la Physique. Ce n'est pas sans cause que le réveil & le sommeil se succèdent alternativement ; ce n'est pas sans cause que nos appétits & nos beſoins ſont ſuivis de dégoûts & de répugnances ; ce n'eſt pas ſans cauſe que les fièvres quartes, tierces & doubles-tierces ſe manifeſtent par accès réguliers ; ce n'eſt pas ſans cauſe que les maladies aiguës ne marchent que par redoublemens, & que les maladies chroniques ont des retours périodiques qui n'échappent pas à l'œil obſervateur & ſouffrant, &c. &c. Peut-être ſerions-nous plus avancés dans la recherche de ces cauſes, ſi nous nous étions bien perſuadés que les forces motrices de notre exiſtence ſont une dépendance & non une exception des forces motrices de l'univers.

Ce qui ſuit eſt plus poſitif. M. Meſmer avance qu'avec la connoiſſance du Magnétiſme animal, le Médecin jugera ſainement l'origine, la nature & les progrès des maladies, même les plus compliquées. Il en appercevra l'accroiſſement & parviendra à leur guériſon ſans jamais expoſer le malade à des effets dangereux ou des ſuites fâcheuſes, quel que ſoit l'âge, le tempérament & le ſexe. Plus on pèſe ces aſſertions, plus elles paroiſſent illuſoires. Cependant les faits ne les contrediſent pas ; ils vont même, peut-on dire, à l'appui. J'ai vu bien des malades traités par le Magnétiſme animal : aucun n'y a perdu : tous y ont gagné plus ou moins. Lorſque le ſiége du mal étoit local & caché, les effets étoient en grande partie locaux & cachés ; lorſque le ſiége du mal étoit local & viſible à l'œil, l'effet étoit local & viſible à l'œil. Je ne puis mieux comparer le Magnétiſme animal qu'à un furet qui s'introduit dans un terrier pour y ſucer ſa proie, la ſurprend endormie ou la chaſſe devant lui.

De

De nombreux exemples m'ont fait poſer en thèſe que ce principe étoit curatif; mais je ne vais pas juſqu'à affirmer ce que j'ignore. J'ignore juſqu'à quel point le Magnétiſme animal eſt curatif; j'ignore à quel point il ceſſe d'être utile; s'il peut être aidé par d'autres ſecours; en quelles circonſtances (s'il en eſt de telles) il peut être nuiſible. A ces divers égards & à beaucoup d'autres, je n'ai pas aſſez de renſeignemens par-devers moi; & je doute que M. Meſmer lui-même puiſſe » dire: Il va juſques-là & il s'arrête là «. Douze ans de travaux, & même la vie d'un homme, de quelque génie qu'il ſoit doué, ne me paroiſſent pas ſuffire aux expériences dont cette précieuſe découverte de notre âge eſt ſuſceptible.

Auſſi tous mes vœux ſe tournent-ils vers ſa plus grande publicité poſſible, afin que chacun ſuivant ſes forces, puiſſe concourir au but ſalutaire qui paroît nous être offert.

Je vois avec ſatisfaction que M. Meſmer ne demande qu'à communiquer ſa méthode.

Je reſpecte, ſans la juger, la ferme réſolution où il paroît être de ne la donner en première inſtance qu'à des Médecins, *comme dépoſitaires de la confiance publique ſur ce qui touche de plus près à la conſervation & au bonheur des hommes.*

C'eſt au Public, comme le plus intéreſſé au ſuccès, a péſer l'honnêteté de la propoſition, & à juger ſi, le bienfait conſtaté, la reconnoiſſance doit être éclatante.

Mais ne faudroit-il pas ſe hâter ? Si le Magnétiſme animal eſt ce qu'il paroit, chaque jour ne multiplie-t-il pas les crimes de négligence envers l'humanité ? Que de malheureux, au moment où je parle, ſouffrent & périſſent en implorant en vain des ſecours que nos foibles mains ne peuvent leur donner ! Serons-nous ſourds à leurs gémiſſemens ? C'eſt ſur quoi je laiſſe réfléchir toute âme ſenſible.

A préſent que j'ai établi de mon mieux & avec vérité les motifs de ma perſuaſion, me ſera-t-il permis d'examiner quelle a été & quelle a dû être ma conduite ſubſéquente ? Ai-je eu tort, ai-je eu raiſon d'avouer hautement & ſans détour mon opinion ſur le Magnétiſme animal ? Dans mes principes, ce n'eſt pas-là matière à queſtion. La véritable honnêteté ne doit pas rougir de marcher en compagnie de la vérité.

Cependant, des perſonnes tout auſſi honnêtes que moi, tout auſſi ſenſées que je puis l'être, ont prétendu que cette façon de penser étant susceptible d'exception, j'avois choqué les loix de la prudence, en ce que je m'étois trop avancé. Ceci mérite réflexion. On ne doit pas se contenter d'aimer le vrai & de se prescrire une marche ferme & assurée, il faut encore se préserver de l'enthousiasme & de l'entêtement. Voyons donc si j'ai été trop loin.

Je conviens que tout homme qui se respecte, évite, autant qu'il est en lui, de se donner en spectacle au public; que la circonspection est une des premières vertus du Médecin; qu'il doit haïr l'éclat, & qu'il est très-dangereux pour lui de donner des suspicions sur la solidité de son jugement. Je ne dirai pas pour m'excuser, que *tant de prudence entraîne trop de soin* : au contraire, je dirai que s'il m'eût été poſſible de faire autrement, j'aurois tout employé pour ne pas m'expoſer en vue. On peut me taxer d'inconſidération; mais je ne ſuis pas tellement privé de jugement, que je n'aye prévu ce qui devoit arriver. Aujourd'hui je ſuis bien éloigné de croire que tout ſoit fini : l'inſenſibilité n'eſt pas mon partage, & je ne me diſſimule pas le déſagrément de ma poſition.

J'ai vivement redouté le Public juſqu'à préſent : je ne le redoute plus. Je me crois digne de ſon eſtime. Plus le danger s'eſt approché, plus mes réflexions m'ont convaincu que le Public n'étoit redoutable que pour ceux qui ont des raiſons de rougir à leurs propres yeux. Sans doute. Il renferme un grand nombre d'eſprits légers; mais à la longue les gens ſenſés recueillent les ſuffrages, & dictent les loix. Je me flatte qu'un jour ils rendront juſtice à mon zèle.

Ou le Magnétiſme animal eſt une choſe utile, ou bien il ne l'eſt pas. Dans cette dernière ſuppoſition, qu'en arriveroit-il? Il tomberoit de lui-même : j'en ſerois pour mes ſoins infructueux ; mais je n'aurois fait tort qu'à moi, en ſacrifiant mon tems. Au contraire, ſi le Magnétiſme animal eſt une découverte intéreſſante, ainſi que je le crois, il doit prévaloir tôt ou tard ; & alors le Public ne pourra refuſer de reconnoître que j'aurai travaillé pour ſon bonheur : alors je recueillerois les fruits d'une eſtime que je mériterois, même ſi je m'étois trompé dans mes recherches. Me ſuis-je trompé? C'eſt la queſtion intéreſſante.

A toute rigueur, cela ſe peut. Je puis avoir toujours mal vu ; mais mon opinion ne peut être taxée d'imprudence, puiſqu'elle eſt le réſulrat d'un vaſte enſemble de faits. J'en ai plus de trois cents à citer. Tous ne ſont pas également concluants; mais ce qui eſt très-remarquable, ils ont tous une même tendance vers le même but. En outre, j'ai mon expérience perſonnelle, & l'on ne peut raiſonnablement en exiger davantage.

Si le Public vouloit ſuivre la méthode que je propoſe, il ſeroit bientôt en état de juger par lui-même, & il ne dépendroit plus de gens qui peuvent avoir d'autres intérêts que les ſiens.

A la vérité tout Paris ne peut pas ſe rendre chez M. Meſmer pour y ſuivre des traitemens; mais les expériences ſur le Magnétiſme animal ſont aſſez multipliées aujourd'hui pour que chacun puiſſe reçueillir un nombre ſuffiſant d'obſervations certaines, diſcuter les faits, ſaiſir les réſultats, & porter un jugement fondé.

Je dis un jugement fondé; car je ſuis d'avis qu'on ne doit s'en rapporter à perſonne : pas à moi plus qu'à d'autres : pas même aux malades de M. Meſmer. En effet, pourquoi auroit-on plus de confiance aux lumières des autres qu'aux ſiennes propres ? N'a-t-on donc une raiſon que pour l'aſſervir à celle d'autrui ?

Voulez-vous, dirai-je à mes Lecteurs, n'être pas le jouet d'opinions particulières & intéreſſées ? En voici le moyen. Interrogez les malades de M. Meſmer, non ſur ce qu'ils penſent, mais ſur ce qu'ils ſentent. Faites-leur trois queſtions principales. Qu'éprouviez-vous avant de connoître M. Meſmer ? Qu'avez-vous éprouvé entre ſes mains ? Qu'éprouvez-vous depuis que vous en êtes ſortis? Je vous aſſure que ſi vous daignez prêter l'oreille attentive de la ſincérité à leurs réponſes; & ſur-tout ſi, contre l'uſage commun, vous leur laiſſez le tems de les faire, je vous aſſure, dis-je, que vous acquerrez bientôt, & à peu de frais, les matériaux néceſſaires pour fonder votre opinion ſur une baſe ſolide. Alors, ſi vous donnez dans l'erreur, du moins aurez-vous fait ce qui étoit en vous pour l'éviter.

Si, contre mon avis, on aime mieux s'en rapporter aux diſcours de la plupart des malades de M. Meſmer, je crois pouvoir prédire ce qui en arrivera. En premier lieu, on ſe méfiera de celui qui parlera avec l'ardeur d'une vive reconnoiſſance, parce qu'on le ſoupçonnera d'enthouſiaſme. En ſecond lieu, le malade qui aura l'uſage du monde, craindra de choquer trop ouvertement ses préventions, il ne dira de la vérité que ce qu'il croira pouvoir être recueilli comme vérité ; & lorsqu'il sera le plus persuadé, il s'exprimera avec une froideur affectée· que nos mœurs rendent trop souvent nécessaire. D'ailleurs, fatigué de propos légers, il craindra le ridicule ; & excessivement ennuié des répétitions auxquelles on l'assujettira, il finira par couper court à toutes conversations de cette nature. Je crois que l'on éviteroit une partie de ces inconvénients en se contentant d'un narré simple & exact. J'ai vû peu de malades s'y refuser envers les personnes qui montroient une sage curiosité.

Revenons à ce qui me concerne plus particulièrement. On m'a objecté qu'en confiant mes malades à M. Mesmer, je sacrifiois la vie des hommes à mes opinions; mais je ſupplie de croire que les premiers malades que M. Meſmer ait acceptés de ma main, étoient dans un état déſeſpéré. J'augure que quelques-uns ne ſeroient plus aujourd'hui; & cependant, graces, mille-fois graces à M. Meſmer, ils vivent. Quel mot pour moi! Ils vivent!

Depuis ces premiers ſuccès, pluſieurs de mes malades, de leur propre mouvement, ou par mon impulſion, ont déſiré ſavoir ma façon de penſer ſur ce Médecin. Je la leur ai dite ſans fard, ſans affectation; j'ai conſeillé ou encouragé la confiance, ſuivant l'occaſion ou la néceſſité.

Après ce que je viens de dire, comment pourroit-on me reprocher l'uſage du Magnétiſme animal plutôt que celui de tous autres remèdes. Je ſuis dans la ferme perſuaſion que j'étois auſſi fondé à ordonner l'un que les autres. Appuyons cette aſſertion d'exemples à la portée de tout le monde.

On ſait que la manne & la rhubarbe purgent ; mais ni mes Confrères ni moi ne ſavons par quel méchaniſme elles purgent. Le fait & l'expérience ſont nos ſeuls guides. Il en eſt de même du Magnétiſme animal : j'ignore comment il agit, mais je ſais qu'il agit.

On ne s'aviſe pas de blâmer les Médecins pour uſer du mercure. Cependant le mercure engendre peut-être plus de maux qu'il n'en détruit. Deplus, il a eu le tort de n'être généralement adopté qu'à la faveur de quelques biens mêlés d'accidents innombrables. En ceci l'avantage eſt tout entier du côté du Magnétiſme animal. Juſqu'à préſent il a procuré de grands ſoulagements, & n'a, que je ſache, été nuiſible à perſonne.

La Médecine met en uſage les poiſons les plus terribles, & même nôtre ſiècle ſe glorifie de pluſieurs découvertes en ce genre. Je veux bien croire à la grande efficacité de ces décompoſitions; mais quels n'ont pas dû être les dangers des premiers eſſais? Il eſt avéré qu'on n'a pas couru les mêmes riſques avec le Magnétiſme animal.

On eſtime le zèle des Médecins qui ſe livrent aux expériences électriques dans l'objet de notre guériſon, quoique rien ne ſoit ni plus équivoque ni plus rare que les ſoulagements obtenus au moyen de l'électricité. Au contraire rien ne devient plus commun & plus certain que les ſoulagements obtenus par le Magnétiſme animal. Il ne me paroîtroit pas conséquent d'exalter l'un & de déprimer l'autre. C'eſt néanmoins ce que l'on exigeroit de moi ; car ſi, par exemple, j'avois ſuivi les expériences de l'électricité avec la modeſtie convenable & l'honnêteté que j'oſe dire m'appartenir, j'aurois ſans doute recueilli nombre d'approbations qui m'ont été refuſées.

On peut me dire que l'authenticité des remèdes uſités ſert d'excuſe à ceux qui les employent, & que je me ſuis privé de cette reſſource. Mais cette raiſon eſt-elle bien valable ? L'authenticité prétendue des remèdes uſités n'eſt-elle pas la ſource d'une routine trop ordinaire ? n'eſt-elle pas la ſauve-garde de l'ignorance ? & quoiqu'il en ſoit, ne reſte-t-il pas toujours pour certain que les remèdes connus aujourd'hui ont été inconnus autrefois; conſéquemment nouveaux tour-à-tour ? D'ailleurs je pourrois nier l'authenticité de la plûpart des remèdes non déſapprouvés, & nommément de l'électricité dont on ne connoit que quelques effets & nullement les cauſes.

Je ne ferai pas à l'intelligence & à la droiture de mes Lecteurs le tort de m'appéſantir plus long-tems ſur ces conſidérations. J'eſpère qu'ils voudront bien conclure avec moi qu'après avoir porté aux expériences ſur le Magnétiſme animal toute l'attention dont je ſuis capable, j'aurois mérité les plus vifs reproches ſi j'avois agi contre ma conviction. Non-ſeulement, j'ai pu, mais j'ai dû conſeiller le Magnétiſme animal; & il ne me reſte plus enfin qu'à faire mes remerciements publics à M. Meſmer de ſa complaiſance, & ſur-tout de la ſatiſfaction que plusieurs de ses succès m'ont procurée.

Je dois de pareils remerciements aux personnes qui ont bien voulu suspendre leur jugement sur mon compte, & croire, en consultant leur propre cœur, que toute prudence & toute honnêteté ne m'étoient pas étrangères.

Mais tout le monde n'est pas aussi équitable. La classe d'hommes qui est toujours extrême dans ses expressions, n'est pas la moins nombreuse. On m'a donc accusé d'aimer les nouveautés : on m'a taxé de crédulité, de faire l'important, de vouloir me donner du relief à tout prix : on m'a traité de visionnaire. Les uns ont prétendu que j'étois du secret de M. Mesmer, & que je partageois avec lui : d'autres m'ont insinué que je n'avois pas de meilleur moyen pour me ruiner infailliblement, que

que de lui confier mes malades. Enfin, l'on n'a pas craint de me faire obſerver que je trahiſſois les intérêts des Médecins.

Reprenant ſans ordre ces avertiſſemens contradictoires, je répondrai à ce dernier, en avouant que ſi l'on découvroit aujourd'hui le ſecret de ſe paſſer de Médecin, perſonne ne porteroit demain plus gaiement que moi ſon flambeau aux funérailles de toutes les Facultés du monde. Mais ce propos léger accorde à M. Meſmer plus qu'il ne demande. Les ſages précautions avec leſquelles il déſire publier ſa découverte, indiquent aſſez, qu'à ſon avis, elle doit être maniée avec diſcernement : ce qui ſuffit pour néceſſiter l'exiſtence des Médecins.

J'aime les nouveautés. Ce n'eſt pas un mal d'aimer les nouveautés utiles & même les nouveautés agréables. Il eſt heureux que des esprits solides veuillent bien donner leurs soins à la recherche des premières ; & loin de les blâmer, il faudroit les remercier. Ceci rentre donc dans la question de savoir si le Magnétisme animal est ou n'est pas un bien.

Je risque de perdre tous mes malades. Il est vrai que si je les donne tous à M. Mesmer, & qu'il les guérisse tous, il ne m'en restera plus. Le calcul est clair. J'espère que c'est la première fois que le Public s'est donné la peine de faire ce calcul pour un Médecin. Je l'avoue, j'en suis flatté. Mais puisqu'il s'agit d'expliquer ma manière de calculer, n'ai-je pas l'avantage d'échanger des malades pour des amis ? Est-il un homme, en pareil cas, qui puisse payer mes services désintéressés par le refus de son estime? D'ailleurs, à moins que M. Mesmer ne ſoit l'homme aux cent mille bras & aux cinquante mille têtes, ſes ſoins ne peuvent s'étendre à tous. Il reſtera encore dans Paris aſſez de malades pour moi ; & il n'eſt pas à préſumer que le Public me retire ſa confiance préciſément, parce que j'aurai été le premier à la mériter.

Je veux me donner du relief à tout prix. Si je ne déſeſpère pas, ainſi que je viens de l'inſinuer, que le Public pleinement inſtruit, me ſaura gré de ma bonne-foi, duſſai-je m'être trompé à quelques égards ; c'eſt parce que ni lui ni moi n'ignorons qu'il faut quelque courage pour mépriſer des rumeurs qui tendent à avilir dans ſon opinion.

Néanmoins ma confiance dans le Public, & mon honnêteté n'eſt pas aveuglement. Je n'ai pas été juſqu'à me diſſimuler que ſi cette affaire tournoit mal, je ne pourrois éviter ma part du ridicule que l'on verseroit immanquablement sur elle. Il suit de-là, ce me semble, que je n'ai pu compter sur quelque relief qu'en raison de celui que je procurerois à une vérité importante, & je ne vois pas comment on pourroit blâmer cette espèce d'ambition. Si tout le monde ne cherchoit le relief qu'à ce prix, il est de présomption raisonnable que les réputations usurpées seroient moins communes.

Je partage avec M. Mesmer. J'aurois peine à répondre sérieusement sur cet article. Il me paroît révoltant; & s'il ne m'avoit pas été formellement objecté à plusieurs reprises, je me garderois bien de l'inventer. Voici tout ce que je puis dire à ce sujet.

Il y a plus de deux ans que M. Mesmer est en France. Il doit lui en avoir énormément coûté du sien. Comme il ne m'a pas préſenté la carte de ſes dépenſes, je ne me ſuis pas cru en droit de lui demander celle de ſes bénéfices. Compenſation faite, je doute que j'euſſe gagné au marché.

Je ſuis dans le ſecret de ce Médecin. Non, je n'y ſuis pas, & ne me ſuis point occupé d'y être avant les autres. Dire que mon eſprit ne ſe ſoit pas très-ſouvent exercé ſur la manière dont il opère, ce ſeroit prétendre l'impoſſible : mais je n'ai fait ni démarches, ni queſtions tendantes à le pénétrer malgré lui. De telles vues m'auroient paru des baſſeſſes. Je me ſuis donc contenté d'examiner avec toute l'attention dont je ſuis capable les faits dont il me rendoit témoin, & de lui rendre juſtice ; bien différent, puis-je dire, en cela, de quelques perſonnes qui affectent de dédaigner ſa découverte en Public, & qui dans le secret de leur laboratoire, se ruinent en charbon, & s'épuisent à souffler des fourneaux pour parvenir à la connoître.

Cette conduite ne surprendroit pas dans des particuliers sans mérite. On sait assez qu'il est peu de découvertes utiles dont on n'ait voulu ravir la gloire à leurs véritables Auteurs; mais au moins, on craignoit autrefois d'être pris sur le fait. Aujourd'hui, l'on ne daigne seulement pas cacher sa marche: on va tête levée: on tire vanité d'un acte de déshonneur; & je ne serois pas étonné de voir accueillir sous peu des Mémoires sur le Magnétisme animal par des gens devant qui l'éloge de M. Mesmer seroit un ridicule.

Evitons, autant qu'il est en nous, les applications personnelles. Je n'écris ni un libelle, ni une satyre. Que le Particulier fasse donc ce qu'il lui plaira: il a ſes concitoyens pour juges.

Mais cette queſtion » les Corps » littéraires ont-ils rempli le but de » leur inſtitution en ce qui concerne » le Magnétiſme animal? « Cette queſtion me paroît du reſſort de tout Ecrivain impartial. Elle eſt trop générale pour bleſſer perſonne : elle eſt trop importante en elle-même & par ſes acceſſoires, pour qu'on ne me pardonne pas d'y répondre.

Lorſque la Nation s'eſt décidée à ſoudoyer des Corps ſavans : lorſqu'elle a fait des fonds conſidérables pour procurer des revenus à leurs Membres : lorſqu'elle a aſſuré leur tranquillité : lorſque pour récompenſe de leurs travaux, elle leur a accordé un rang diſtingué dans l'ordre civil ; elle s'attendoit ſans doute à en être éclairée dans toutes les circonſtances.

Ainſi la cruelle maxime, » tout pour

» ſoi, rien pour les autres « ne peut appartenir à des Corps ſpécialement établis pour donner aux connoiſſances acquiſes la plus grande extenſion dont elles ſont ſuſceptibles, pour encourager les découvertes utiles, pour les revêtir de la ſanction néceſſaire à la confiance, en accueillir & rechercher les Auteurs; enfin pour ne laiſſer rien perdre de ce qui peut véritablement intéreſſer la Nation ou l'humanité.

Ce feroit ſans doute mal remplir ces devoirs que de regarder avec indifférence un évènement important au bonheur des Peuples. Ce feroit mal remplir ces devoirs que de rebuter, négliger ou mépriſer l'Auteur honnête d'une découverte avantageuſe. Ce feroit mal remplir ces devoirs que de ne pas employer tous les moyens permis pour ramener à de meilleurs principes cet Auteur qui par caprice ſe refuſeroit à des moyens décens de conciliation. Ce ſeroit enfin mal remplir ces devoirs que d'exciter, autoriſer, ou tolérer des jalouſies nuiſibles au plus prompt bonheur de l'humanité. Le bonheur de l'humanité! ô Corps littéraires! voilà votre devoir. N'examinez pas ſi mes principes ſont rigoureux : examinez s'il ſont vrais.

Il s'agit ici d'une découverte que l'on dit des plus importantes. Sur qui la Nation doit-elle avoir naturellement les yeux fixés pour aſſeoir ſon jugement? Sur les Corps littéraires. Ceux-ci qu'ont-ils fait pour lui donner ſatisfaction? Rien.

Ce n'eſt pas leur faute, répond-on : ils n'ont pas été interpellés. Que cette réponſe eſt froide! qu'elle paroîtra dure ſi l'on reconnoît un jour qu'il eſt aujourd'hui queſtion du ſoulagement de l'humanité entière !

Ils n'ont pas été interpellés ! qu'eſt-donc la voix du Public ? Ne demande-t-il pas de tous côtés ſi le Magnétiſme animal eſt ou n'eſt pas ce qu'on lui promet ? Eſt-il pardonnable que les perſonnes chargées de répondre ne diſent mot ? Peuvent-elles excuſer leur ſilence ?

Cependant paſſons condamnation ſur ces faits : rejettons-en la faute ſur M. Meſmer : admettons que non-ſeulement il ait fui l'œil des Corps ſavans, mais encore qu'il ait refuſé leur aſſiſtance : allons juſqu'à convenir qu'il leur a manqué : c'eſt un grand mot en France.

Que fait tout cela ? M. Meſmer pourroit avoir des ſingularités, ignorer les uſages, avoir ſon ſyſtême de conduite, tout ce que l'on voudra, il n'en ſeroit pas moins vrai qu'il annonce la découverte du Magné-tiſme animal, comme très-utile à l'humanité.

Il n'en ſeroit pas moins important de ſavoir à quoi s'en tenir ſur cet objet: plus la découverte ſeroit jugée précieuſe, plus il ſeroit eſſentiel de la retirer de mains dangereuſes ou opiniâtres. Ce ſeroit le cas de faire un pont-d'or à l'Auteur. Tout au moins, faudroit-il ſavoir quelles ſont ſes prétentions.

Rien de tout cela : on ſe contente de dire froidement que M. Meſmer eſt néceſſairement un Charlatan, puiſ-qu'il fuit les regards éclairés, & qu'il n'eſt pas de la dignité des Corps de ſe compromettre.

Malheur à la dignité qui fait commettre des fautes eſſentielles. Mais eſt-il bien vrai que cette délicateſſe ſoit ſincère ? Demandons-le au Public.

Il a vu les Savans ſe porter en

foule ſur les Boulevards pour y être témoins de merveilles incompréhenſibles au premier aſpect, mais ſimples dans leur principe. Ils n'ont pas dédaigné d'en faire leur profit: pluſieurs en ont tiré parti pour ſe faire connoître. A la vérité, on n'a pas cru de la dignité des Sciences de faire rejaillir l'honneur du premier travail ſur ſon Auteur; mais, il faut l'avouer, ce n'eſt pas là le plus beau de l'affaire; car enfin il vaudroit encore mieux convenir qu'on s'eſt inſtruit avec un Charlatan, que d'être ſoupçonné de l'avoir expolié.

Le tort de M. Meſmer ne ſeroit-il pas de n'avoir point voulu être traité avec cette légèreté? Accoutumé à un autre ordre de choſes, ſentant très-bien ce qu'il valoit, s'étant bien convaincu par des épreuves que l'uſurpation des veilles d'autrui étoit un article ineffaçable du Code des ſavans, il a coupé court aux menées de ce genre par l'impreſſion d'un Mémoire aſſez étendu pour laiſſer entrevoir tous les avantages de ſes principes, & en même-tems aſſez circonſpect pour ne donner la clef de rien. Ainſi, quoiqu'il en arrive par la ſuite, quand même on feroit mieux, la découverte eſt à lui, irrévocablement à lui.

Je ne me donne ni pour ſon Avocat, ni pour ſon Juge; mais après avoir admis des ſuppoſitions qui lui ſont déſavantageuſes, il ne ſeroit pas décent de taire en entier ſes défenſes.

Il fuit ſi peu, dit-il, les regards des Savans, qu'il s'eſt adreſſé ſucceſſivement à la Faculté de Médecine de Vienne, aux principales Académies de l'Europe, à une Académie très-célèbre en particulier, & enfin à une Société de Médecins. Il a été, ajoute-t-il, rebuté de la première, dédaigné des secondes, personnellement insulté dans la troisième ; & la quatrième lui a manqué de parole. Il n'avoit consenti à se rapprocher de cette dernière que sous la condition expresse qu'on auroit égard à des délicatesses personnelles. On le lui promit ; mais quand il a exigé l'accomplissement de la promesse, il prétend qu'on s'est retiré.

Rebuté par les Corps & fatigué de leurs prétentions, il s'est retourné vers les Savans en particulier, dans l'espoir qu'ils se rendroient à des effets sensibles. Ce n'est pas sa faute si la plupart les ont niés, parce qu'on ne vouloit pas les admettre dans le secret des causes.

Depuis quinze mois, un Membre de la Faculté de Médecine de Paris suit régulièrement ses opérations. Ce

Membre de la Faculté, c'eſt moi. Si je ne ſuis pas un Savant, M. Meſmer pouvoit me préſumer tel, puiſque j'appartiens à un Corps compoſé de Savans.

Pendant ſix mois il a ſoumis les réſultats de ſes expériences au jugement de trois de mes Confreres, Membres comme moi de la Faculté de Médecine de Paris. Peut-on, ſans injuſtice, refuſer à ceux-ci la qualité de Savans très-compétens ?

Enfin, M. Meſmer fuit ſi peu les regards éclairés, qu'il travaille à la face du Public ; & quelqu'imbécille qu'on ſuppoſe ce Public, il n'en eſt pas moins vrai de dire qu'il renferme les Savans dans ſon ſein.

De quoi s'agit-il donc ? que veut-on de plus ? On voudroit que M. Meſmer demandât des Commiſſaires : ceux-ci ſuivroient ſes opérations, feroient leur rapport & on délivreroit un certificat. C'eſt ſans doute en ce papier, (dit M. Meſmer) que gît la dignité des Sciences.

Je déclare qu'à la place de M. Meſmer, j'aurois conſenti à obtenir le certificat; mais d'un autre côté, à la place des Corps Littéraires, je ne tiendrois pas autant à le donner. Il eſt naturel qu'un Etranger, l'œil tourné vers ſa Patrie, craigne les longueurs; & il répugne aux idées communes que des gens qui peuvent être perſuadés en une heure & par eux-mêmes ne veuillent l'être qu'en trois ou ſix mois & ſur le rapport d'autrui.

A quoi me ſerviroit *ce certificat ou papier*, dit toujours M. Meſmer? J'en ai déjà tant que je ne conſulte ni ne montre jamais! ne ſuis-je pas moi-même moi-même un certificat mille fois plus authentique que tous les papiers ou parchemins du monde ?

Quand on veut expliquer l'utilité d'un certificat dans nos uſages, il faut bien lui dire que c'eſt ainſi que nous en agiſſons avec les Gens à *ſecrets* : cette dénomination, il la rejette entièrement.

» Le Magnétiſme animal, dit-il, » n'eſt pas ce que vous appellez un » *ſecret* : c'eſt une ſcience qui a ſes » principes, ſes conſéquences & ſa » doctrine. Le tout eſt ignoré juſqu'à » préſent : j'en conviens ; mais c'eſt pré- » ciſément par cette raiſon, qu'il ſeroit » abſurde de vouloir me donner des » juges qui ne comprendroient rien à » ce qu'ils prétendroient juger. Ce » ſont des élèves & non des juges » qu'il me faut. Auſſi, mon objet » eſt-il d'obtenir d'un Gouvernement

» quelconque une Maiſon publique, » pour y traiter des malades, & où » il ſoit aiſé de conſtater, à l'abri des » diſcuſſions ultérieures, les effets » ſalutaires du Magnétiſme animal. » Après quoi, je me charge d'inſtruire » un nombre fixe de Médecins, laiſ- » ſant à la ſageſſe du même Gou- » vernement la plus ou moins grande » & la plus ou moins prompte pu- » blicité de cette découverte. Si mes » propoſitions ſont rejettées en France, » je ne la quitterai pas ſans douleur; » Mais enfin je le ferai. Si elles ſont » rejettées par-tout, j'eſpère ne pas » manquer d'aſyle. Enveloppé de mon » honnêteté à l'abri de tout reproche » intérieur; je raſſemblerai autour de » moi une foible portion de cette » humanité à qui j'aurai tant déſiré » d'être plus généralement utile; & » alors il ſera tems de ne conſulter

» que moi sur ce que j'aurai à faire «.

» Si j'en agissois autrement, conclut M. Mesmer, il en arriveroit » que le Magnétisme animal seroit » traité comme une mode. Chacun » voudroit briller & y trouver plus » ou moins qu'il n'y a. On en abu- » seroit, & son utilité deviendroit » un problême dont la solution n'au- » roit peut-être lieu qu'après des siè- » cles. On en peut juger par ce qui » s'est passé au sujet de l'inoculation. » Si elle avoit été donnée au Public » avec plus de réserve, il est à croire » qu'on trouveroit moins de cœurs » paternels tremblans à la seule idée » d'épargner à leurs enfans des dan- » gers à-peu-près inévitables «.

Voilà l'état de la question. Chacun peut la juger à sa manière, & dire s'il est à desirer que la France soit ou ne soit pas le berceau du Magnétisme animal.

Je ſuis un viſionnaire. La longue converſation que je viens d'avoir avec le Public, me confirmera peut-être ce titre dans l'eſprit de bien des gens. Cela ne m'empêchera pas de dire que ces mots, *c'eſt une tête chaude*, *c'eſt un homme à ſyſtêmes*, *c'eſt un fou*, *c'eſt un viſionnaire*, tranchent en France trop de queſtions ſérieuſes. Il eſt mille occaſions où l'on feroit très-bien d'aſſeoir ſes jugemens ſur des raiſonnemens plus ſolides. Quoiqu'il en ſoit, voyons ce que je puis y répondre pour ma part.

Aux Perſonnes qui s'obſtinent à décider ſans examen, quelque mérite & quelque conſiſtance qu'elles puiſſent avoir d'ailleurs, je leur dirai que je ne ſuis pas entier dans mon ſentiment, mais que pour leur plaire, il m'eſt impoſſible de porter l'abnégation de moi-même au point de croire que ce que je regarde de tous mes yeux, je le vois moins bien que ceux qui n'y regardent pas du tout.

Quant à ceux qui ayant l'intime conviction d'une vérité exiſtante s'efforcent d'en diſtraire eux & les autres & ne ſavent trouver de ſoulagement que dans les expreſſions injurieuſes, je ne puis prendre ſur moi de les blâmer; à peine ai-je la force de les plaindre.

Je ſuis crédule. L'enſemble de ce Mémoire répondra pour moi. Je ne puis que répéter ici ce que j'ai déjà dit: je crois ce que je vois: je dis ce que j'ai vu; & pour trancher net ſur toutes les queſtions de cette eſpèce, voici ma profeſſion de foi.

J'ai embraſſé l'état de Médecin dans le déſir d'être utile à l'humanité, ſous ce point de vue, je n'en connois pas de plus noble, de plus intéreſſant & de plus fait pour mériter l'eſtime de mes Concitoyens : mes intérêts particuliers ont été & feront toujours ſubordonnés à ce premier point de vue. D'après cette façon de penſer, j'ai dû me conduire comme je l'ai fait. Cette conviction intérieure auroit ſuffi à ma tranquillité ſi je ne croyois encore plus utile à l'humanité de donner au Public mes Obſervations ſur le Magnétiſme animal. Ces Obſervations imprimées feront à la fois un hommage à la vérité, un motif pour engager les ames honnêtes à ſeconder mes ſoins, une réponſe pour ceux qui me blâment, une reſſource pour ceux qui m'approuvent.

Je n'ai jamais été le témoin d'aucun miracle ; mais ſi cela m'étoit arrivé, je ſuis l'homme qui en conviendroit ſans détour. L'incrédulité ou la légéreté s'épuiſeroient inutilement en plaiſanteries & en ſarcaſmes; inutilement on me couvriroit de ridicules; je croirois avoir répondu à tout, en diſant: je l'ai vu.

FIN.

ERRATA.

Pages 3, ligne 20, exiger récompenſe, *liſez* une récompenſe.

13, ligne dernière, corps animaux, *liſez* animés.

26, ligne 12, les miens, *liſez* mes modèles.

32, ligne 10, inſpiré, *liſez* inſpirées.

Idem, même ligne, élagant, *liſez* élaguant.

49, ligne première, juſqu'à dix, *ajoutez* chez elle.

59, ligne 8, les ſecrets, *liſez* les ſecours.

72, ligne 6, on n'auroit pu, *liſez* on auroit pu.

84, ligne 14, ſucceptible, *liſez* ſuſceptible.

www.ingramcontent.com/pod-product-compliance
Ingram Content Group UK Ltd.
Pitfield, Milton Keynes, MK11 3LW, UK
UKHW021153260726
13994UKWH00001B/435